U0275851

高强度钢材连接性能研究

郭宏超　著

中国建筑工业出版社

图书在版编目（CIP）数据

高强度钢材连接性能研究 / 郭宏超著. -- 北京：
中国建筑工业出版社, 2024.9. -- ISBN 978-7-112
-30240-6

Ⅰ. TG142.7

中国国家版本馆 CIP 数据核字第 2024L5D648 号

责任编辑：刘婷婷
文字编辑：冯天任
责任校对：芦欣甜

高强度钢材连接性能研究

郭宏超　著

*

中国建筑工业出版社出版、发行（北京海淀三里河路 9 号）

各地新华书店、建筑书店经销

国排高科（北京）信息技术有限公司制版

廊坊市金虹宇印务有限公司印刷

*

开本：787 毫米×1092 毫米　1/16　印张：14¼　字数：258 千字

2024 年 8 月第一版　　2024 年 8 月第一次印刷

定价：**58.00** 元

ISBN 978-7-112-30240-6

（43491）

版权所有　翻印必究

如有内容及印装质量问题，请与本社读者服务中心联系

电话：（010）58337283　　QQ：2885381756

（地址：北京海淀三里河路 9 号中国建筑工业出版社 604 室　邮政编码：100037）

前　　言

"十四五"期间，国家提出以绿色、生态、低碳理念指导城乡建设，重视新技术、新材料、新工艺的推广，积极探索最大效率利用资源和最低限度影响环境的建设发展模式。土木工程领域应用高强度钢材，在构件受力、结构安全以及可持续发展等方面具有显著优势，不仅能减少用钢量、降低工程成本、创造良好的经济效益，还符合国家可持续发展战略，具有节能减排、低碳环保的社会效益。研发新一代高性能材料与结构技术，是现代工程向轻质、高强、大跨、耐久等多个维度协同发展的有效途径。

近年来，随着钢材生产工艺的提高以及相应焊接材料、连接技术的成熟，新型高强度钢材在世界范围内的多个建筑中已得到成功应用，而关于高强度钢构件、连接节点及结构体系的理论研究近些年才逐渐开展。在此背景下，针对高强度钢材连接方面的问题和不足，本书梳理了国内外高强度钢材领域的技术发展，对高强度钢材连接性能的基础理论进行了系统研究，给出了相应的设计建议。

本书内容依托国家自然科学基金（51978571、52378197）、陕西省杰出青年基金（2021JC-41）、陕西省重点研发计划（2022SF-199）等项目的部分研究成果，得到了中国建筑工业出版社的全力支持。全书由郭宏超主笔，研究生梁刚、郑东东、皇垚华、肖枫、万金怀、郝李鹏、毛宽宏、周熙哲等做了大量的资料整理和校对工作。感谢同济大学李国强教授、西安建筑科技大学郝际平教授、天津大学陈志华教授、清华大学施刚教授、西安理工大学刘云贺教授等在项目研究过程中给予的指导和帮助。在此，谨向他们表示最衷心的感谢！

希望本书能够对从事高性能钢材与结构的科研、设计人员起到参考和借鉴作用，对高校相关专业的教师和本科生、研究生有一定帮助，同时对国内外高性能钢结构的理论和技术发展起到一定的推动作用。限于作者的学识，书中不妥甚至错误之处在所难免，欢迎大家提出宝贵意见和建议。

作者

2023 年 06 月

目　录

第 1 章

绪 论

高强度结构钢材是指名义屈服强度超过 420MPa，同时具有良好韧性、延性以及加工性能的结构钢材；名义屈服强度超过 690MPa 的结构钢材称为超高强度钢材。与普通强度钢材相比，高强度钢材具有材质均匀、强度高、塑性和韧性好、可靠性好等优点。采用高强度钢材能够有效降低成本、减小构件尺寸、减轻结构重量、减少焊接作业量，且具有材料环保可回收利用等优点，其工程应用前景非常广阔，是发展循环经济、绿色建筑的主要途径之一。

1.1 高强度钢材生产工艺

高强度钢材主要的生产工艺和方法统计如下。

1.1.1 离线调质工艺

瑞典钢铁集团生产的 Weldox1300F 钢板是采用离线调质工艺生产的最高强度级别钢板，相关产品的具体性能见表 1-1。

瑞典钢铁集团超高强度钢板性能 表 1-1

牌号	规格/mm	屈服强度/MPa	抗拉强度/MPa	伸长率/%	−60℃纵向冲击功/J
Wedox700F	4～50	≥700	780～930	≥14	≥27
Wedox700F	50～100	≥650	780～930	≥14	≥27
Wedox700F	100～130	≥630	780～930	≥14	≥27
Wedox900F	40～53	≥900	940～1100	≥12	≥27
Wedox900F	53～80	≥830	880～1100	≥12	≥27
Wedox960F	4～50	≥960	980～1150	≥12	≥27

续表

牌号	规格/mm	屈服强度/MPa	抗拉强度/MPa	伸长率/%	−60℃纵向冲击功/J
Wedox1100F	4～25	≥1100	1250～1550	≥10	≥27
Wedox1300F	4～10	≥1300	1400～1700	≥8	≥27

注：Weldox700F、900F 及 960F 可保证 Z 向（厚度方向）性能。

2008 年我国宝武钢铁集团有限公司实现了批量生产 1100MPa 超高强度钢，主要用于制造重型起重机关键承力部件。具体工艺流程为热轧后将钢板加热至 Ac_3 温度以上，快速冷却至一定温度获得相应组织，以提高钢材的强度和硬度。随后根据钢种需要进行回火处理，以消除钢板的内应力，获得平衡组织及良好的综合性能。离线调质工艺设备主要包括淬火炉、连续辊压式淬火机及回火炉。

1.1.2   直接淬火＋在线回火（OLAC＋HOP）

通过控轧细化奥氏体晶粒，积累加工应变，而后进行直接淬火（过冷奥氏体形变热处理），相变后组织细化并且遗传了奥氏体中的位错，随后进行 HOP 在线回火处理，回火后钢板的渗碳体分布均匀且细小，具有较高的强韧性。

采用 OLAC 工艺，冷却速率比传统加速冷却工艺快 2～5 倍，经过 OLAC 在线加速冷却处理后，中厚板表面温度分布非常均匀，残余应力与不冷却的中厚板相当，板形较好。

1.1.3   直接淬火＋快速冷却＋回火处理（TMCP）

钢板轧制后进行热矫，随后进行直接淬火＋快速冷却。直接淬火的冷却速率比快速冷却快且冷却温度范围大，冷却过程温度通常在 900～200℃之间，冷却速率为 5～60℃/s。直接淬火冷却后钢板组织主要为马氏体或贝氏体。快速冷却指在控制轧制后，在奥氏体向铁素体相变的温度区间进行某种程度的快速冷却，使相变组织比单纯控制轧制更加细微化，以获得更高的强度。

目前，我国有多套中厚板生产线配备了国外进口的直接淬火＋快速冷却装备，如宝武、舞阳钢厂等。舞阳钢厂直接淬火＋快速冷却设备冷却区总长 24m，分 A、B、C、D 4 个区，其中 A 区为直接淬火区（后 3 区为快速冷却区），水压为 0.5MPa，20mm 厚钢板最大冷却速率可达 60℃/s（同样规格快速冷却速率一般在 20℃/s 以下）。其新宽厚板生产线 MULIPIC 利用直接淬火＋离线回火工艺，可生产 40mm 厚 WQ960D 调质钢，屈服强度达 1010MPa，抗拉强度达 1070MPa，−40℃横向冲击功均值达 41J 以上。东北大学轧制技术及连轧自动化国家重点实验室自主开发了超快冷装备和工艺，冷却速率与直接淬火相近，可对原有控冷装备进行超快冷改造，实现直接淬火。

1.1.4　在线淬火＋回火处理

在线淬火＋回火工艺与离线调质工艺相比减少了重新加热工序，节约了成本，其与层流冷却工艺相比要求更快的冷却速率，终冷温度通常在 550℃以下，得到板条贝氏体、粒状贝氏体等不同类型的贝氏体组织。由于受冷却能力限制，目前生产的 Q690 高强度钢板厚度小于 30mm。此外，由于终冷温度低，钢板在冷却过程受热应力和相变应力的双重作用，如冷却不均匀，钢板会产生瓢曲变形，在后续热矫直过程中难以矫平，需配备价格昂贵的冷矫直机或温矫直机进行矫平。冷却不均匀，包括钢板宽度方向、长度方向及钢板上下表面等，均会对板形造成影响，尤其是钢板上下表面冷却水比例不足造成的钢板宽度方向不平缺陷，只能采用压平机压平。

1.1.5　淬火分配技术（QP 工艺）

QP 工艺的原理是在马氏体转化起始温度和马氏体转化结束温度之间进行等温热处理，将马氏体中的超饱和碳原子划分给未转化的奥氏体。丰富的碳元素使奥氏体在冷却到室温后得以保留。

QP 工艺流程如图 1-1 所示。可以看出，钢材最初在高温下进行奥氏体化，然后快速冷却到介于 M_s 和 M_f 之间的淬火温度，以产生数量可控的马氏体；随后进行分区处理，以加速从马氏体到未转化奥氏体的碳富集。值得注意的是，分区温度等于或高于淬火温度。最后富碳奥氏体在冷却至室温后被保留下来。保留的奥氏体是可转移的，它可以转化为马氏体，或在大负荷下产生变形孪晶，从而有效提高钢材的强度和延展性。

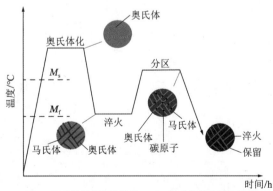

M_s—马氏体转化起始温度；M_f—马氏体转化结束温度

图 1-1　QP 工艺流程

1.2 工程应用情况

20 世纪 60 年代，高强度钢材在日本工程界首先得到应用，之后逐渐发展到德国、美国、澳大利亚等国家。日本横滨的 Landmark Tower 大厦（图 1-2）是日本第一座采用高强度钢材建造的建筑，其中的 I 形截面柱选用了屈服强度为 600MPa 的高强度钢材，目的是通过采用高强度钢材来减轻和避免地震对结构造成的破坏[1-2]。德国柏林的索尼中心大楼（Sony Center，图 1-3），其小部分楼层悬空在大楼的桁架上，桁架长 60m，高 12m，杆件采用 600mm × 100mm 矩形截面，大楼采用了 S460 和 S690 钢材。美国田纳西州和内布拉斯加州在联邦公路局的支持下，进行了高性能钢桥的示范建设，推动了高强度钢材在美国桥梁建设中的应用。S460 钢材在德国 Dusseldorf Ilverich 莱茵河大桥和法国著名的 Millau 大桥（图 1-4）得到了应用，在不增加结构重量的前提下提高了结构承载力，减小了焊缝尺寸，提高了焊接疲劳强度和桥梁使用寿命，取得了很好的经济效益[3-4]。日本明石海峡大桥（图 1-5）全长 3911m，桥塔高 297m。日本在明石海峡大桥中开发了低预热型 800N/mm^2 级钢作为加劲梁用钢。大桥的桥塔采用了日本的 SM570 钢材，这种钢材具有优异的力学性能和耐久性，能够满足桥塔对强度和稳定性的高要求；每个桥塔使用了 23100t 钢材，两塔共耗钢材 46200t。韩国仁川大桥（图 1-6）主桥体部分采用了 Q420qD 桥梁专用钢。这种钢材不仅具有较高的强度，还具有良好的低温冲击韧性，能够适应仁川大桥所处的海洋气候环境。

图 1-2 日本 Landmark Tower 大厦   图 1-3 德国索尼中心大楼

图 1-4 法国 Millau 大桥

图 1-5 日本明石海峡大桥

图 1-6 韩国仁川大桥

在国内，国家体育场（图 1-7）大跨度钢结构中主要采用焊接箱形构件，为了有效控制构件壁厚，减少焊接工作量，在空间桁架柱的关键部位采用了厚度为 100～110mm 的国产 Q460 高强度钢材[5]，在满足结构强度的同时有效减小了截面尺寸，降低了板件厚度，保证了焊接质量。国家游泳中心（图 1-8）钢结构工程为多面体空间刚架，厚度大于 18mm 的板材选用了 Q420C 高强度钢材，总用量达 2900t，占工程总用钢量的 42.6%[6]。高压输电线路和大截面导线输电铁塔结构中也逐渐开始采用高强度钢材，我国西北第一条 750kV 输电铁塔就成功采用了 Q420 高强度钢材[7-8]。

中央电视台新台址主楼（图 1-9）主体结构中，Q355 及以上的高强度钢材用量约为 11.33 万 t，占总用钢量的 89.92%，其中选用了大量 Q460E/Z25/Z35 钢板。我国自主生产的 3000m 深水半潜式钻井平台"海洋石油 981"（图 1-10）使用了屈服强度为 690MPa 的高强度钢。深水钻井平台对于钢材的强度、低温韧性、耐腐蚀性、抗裂性能有极高的要求，高强度钢的使用有效降低了平台重量，提高了动载下结构的抗疲劳性能，节约了成本，推动了高强度钢材在我国海上钻井平台的应用。

图 1-7　国家体育场　　　　　图 1-8　国家游泳中心

图 1-9　中央电视台新台址主楼　　图 1-10　"海洋石油 981"钻井平台

深圳平安金融中心（图 1-11）位于深圳市福田中心区，主体高度 660m，在 25～28 层伸臂桁架上下弦与核心筒对接处使用了 Q460GJ 高强度钢材，焊缝厚度达 120mm，焊接形式为现场全位置焊接。武汉绿地中心（图 1-12）主塔楼建筑高度在 606m 以上，采用巨型框架-核心筒-伸臂桁架结构体系。在伸臂桁架加强层的设计中，节点域承受较大荷载，使用了 Q420 钢材，满足了节点区中震弹性性能的目标要求。郑州绿地中央广场南塔楼（图 1-13）为超高层办公楼，建筑高度 300m，采用了支撑框架-核心筒-环带桁架混合结构体系，工程中柱、梁、支撑等构件采用 Q460GJ、Q550GJ、Q690GJ 高性能结构钢材。

图 1-11　深圳平安金融中心　　　图 1-12　武汉绿地中心

图 1-13 郑州绿地中央广场南塔楼

高强度钢材的工程应用汇总见表 1-2。

高强度钢材工程应用汇总　　　　　　　　　　表 1-2

工程应用		钢材种类	使用位置	作用效果
国内	国家体育场	Q460	桁架柱受力最大位置	控制构件的最大壁厚，减少焊接工作量
	国家游泳中心	Q420	矩形钢管柱	减轻节点重量
	中央电视台新台址主楼	Q420-D、Q460-E	钢柱外筒	减轻结构自重，减少焊接工作量
	深圳湾体育中心	Q460GJD	支撑上部结构的树形柱	减轻结构自重，减小截面面积
	北京凤凰国际传媒中心	Q460GJE	厚度大于 90mm 的钢板	减轻结构自重，降低生产、加工及安装成本
	深圳会展中心	Q460	钢架梁下弦杆	减小构件截面尺寸，降低结构自重
	上海环球金融中心	SN490B/A572Gr50	三角形空腹截面巨型柱	减小柱截面尺寸，增大建筑有效使用空间
	广州新电视塔	Q460	—	—
	南京大胜关大桥	Q420q	受力超过 600t 的压杆	减轻结构自重
	西北 750kV 输电塔	Q420	高强度角钢	降低自重，降低加工和施工难度，降低成本
	海洋石油 981	690MPa	—	抵抗动荷载、改善疲劳性能
	陕西眉县霸王河大桥	Q355qDNH、Q500qDNH	—	—
	上海中心大厦	Q390GJC	节点板应力较高区域、巨型柱板	降低节点板厚，减少了焊接工作量
	深圳平安金融中心	Q460GJC	伸臂桁架上下弦与核心筒对接处	减少了焊接应力，提高承载力
	武汉绿地中心	Q420MPa	节点应力较大区域，腹板和连接板连接部位	提高承载力要求，满足节点区中震弹性性能目标
	郑州中央广场南塔楼	Q460GJ、Q550GJ、Q690GJ	柱、梁、支撑等构件	减轻了结构自重，节省钢材约 20%
国外	德国索尼中心大楼	S460、S690	桁架杆件	减小桁架截面尺寸
	法国 Millau 大桥	S460	箱形截面主梁、桥塔	保持结构重量不变，提高承载力、减小焊缝尺寸
	日本 Landmark Tower 大厦	600MPa	工字形柱	减小柱截面尺寸，增大了建筑使用空间

工程应用	钢材种类	使用位置	作用效果
国外	意大利 Verrand 大桥	S690	顶推导梁采用高强度钢管	实现更大跨度，减小构件截面尺寸
	德国 Dusseldorf-Ilverich 斜拉桥	S460ML	桥塔顶端的连系梁	减轻结构自重，控制了桥身高度
	澳大利亚悉尼 Star City 大楼	650MPa、690MPa	地下室柱、屋顶桁架	减小柱截面尺寸，提高承载力，达到设计跨度
	日本东京湾沿海大桥	HBS500、HBS700	桁架杆件	控制了跨中高度和总高度的设计要求
	瑞典 48 号军用桥	S1100	—	降低自重，便于运输和安装
	韩国乐天世界大厦	800MPa	—	
	韩国仁川机场第二客运站	800MPa	—	

1.3 国内外研究进展

高强度钢在工程中的应用能否产生经济效益受到研究人员的关注。1961 年，美国研发出了屈服强度高达 690MPa 的高强度钢，Haaijer[9]对高强度钢构件的经济性进行了分析，认为采用高强度钢不仅可以降低结构自重，而且能够降低成本。但早期高强度钢的碳当量较高，对焊接工艺要求严格且施工质量不易控制，工程应用较少。20 世纪 90 年代，美国、日本等相继提出了高性能钢的概念[10]，不仅要求钢材具有高强度，还要求其具有较好的断裂韧性、可焊性、冷弯性能及耐候能力。2006 年，Collin 等[3]给出了高强度钢材相对于屈服强度为 235MPa 的钢材的价格，认为如果钢材的强度均能得到充分利用，高强度钢的单位强度成本要低于普通强度钢材。Günther[2]汇总了美国、加拿大、欧洲和日本关于高性能钢材应用与研究的成果，认为高性能钢在大、中跨度桥梁中应用能节省用钢量高达 20%。2011 年，Long 等[11]对高强度钢用于钢柱与钢管混凝土柱的经济性进行了分析，研究了高强度钢在单根柱和框架柱中的成本，认为采用高强度钢的受压构件在总体造价上更为经济。总体而言，高强度钢在建筑结构与桥梁结构中的应用均能达到降低工程造价的目的，但实际降低的造价取决于结构形式和不同区域钢材的价格。不可忽视的是，随着钢材强度的提高，构件的稳定性成为决定高强度钢结构经济性的关键。

1.3.1 高强度钢材料力学性能

材料力学性能是高强度钢结构研究和应用的基础。国内外学者通过对大量试验结果的总结分析发现，随着高强度钢屈服强度的提高，钢材的屈服平台缩短甚至消失，钢材屈强比增大并接近 1，断后伸长率减小，延性变差[12-14]。

1969 年美国 ASTM（美国材料与试验协会）制定的 A514 规范规定了名义屈服强度为 690MPa 的高强度钢的化学成分与力学性能[15]。美国与日本学者首先在高强度钢基本构件的研究中获得了相关材性试验结果[16-19]，随后澳大利亚与欧洲学者在高强度钢相关研究中积累了更多的材性试验数据[20-22]。早期高强度钢由于可焊性差，断裂韧性与冷弯性能不足等问题，没有得到广泛应用。

20 世纪 90 年代，美国和日本的桥梁建造业与钢铁制造业密切合作，研发出力学性能与可焊性符合工程需求的新型高性能钢材。新型高性能钢材通过减少碳、硫等元素的含量改善钢材的可焊性，同时通过热机械轧制技术（TMCP）与添加合金元素等手段，提高钢材的强度、塑性与断裂韧性，并使其具有良好的疲劳性能[23]。Fukumoto[24]总结并比较了普通强度钢、早期高强度钢与新型高性能钢（HPS）的力学性能，分析了低屈强比高强度钢构件的承载力与延性性能。Galambos 等[25]按钢牌号分类总结了已有的高强度钢材料性能。Shi 等[26]总结了国内外高强度钢材料性能的试验结果。王元清等[27]研究了 Q460C 高强度钢在低温下材料的力学性能，认为低温使得 Q460C 钢材的塑性和韧性变差，当温度低于−40℃时易发生脆性断裂破坏。王卫永[28-29]对高强度结构钢轴心受压构件的抗火性能进行了研究，认为 Q460 高强度钢在高温下具有良好的材料性能，温度在 600℃时，仍具有 60%以上的常温屈服强度和抗拉强度，以及 75%左右的常温弹性模量，性能接近耐火钢。

1.3.2　高强度钢受弯构件

1969 年，McDermott[17-18]首先针对工字形截面受弯构件的力学性能开展了研究；随后 Kuwamura[30]、Kato[31-32]等进一步研究了高强度钢材屈强比高、无明显屈服平台、延伸率低等特点对受弯构件力学性能的影响。对于早期高强度钢受弯构件，文献[18]认为其具有足够的变形能力，可应用于塑性设计；但文献[33]～[35]指出部分受弯构件虽能达到完全塑性弯矩，但转动能力不足，认为早期高强度钢不具备足够的延性以满足塑性设计的要求。另外，由于早期高强度钢化学成分中碳当量较高，对焊接工艺要求较为苛刻，增加了建设成本，也阻碍了高强度钢的推广应用。

20 世纪 90 年代末，Earls、Sause、Barth 等[36-42]对高性能钢（HPS）受弯构件的力学性能进行了大量试验与理论研究，研究内容主要集中在工字形截面受弯构件的承载力、局部稳定、整体稳定以及材料特性对受弯构件转动能力的影响。结果表明：①美国现有规范仍可较为准确地预测高强度钢工字形截面受弯构件的承载力。②与普通钢构件相比，高强度钢受弯构件的转动能力下降明显，屈强比为主要影响因素。③规范要求的宽厚比限制无法保证高强度钢受弯构件具有足够的延性。④可通过限制钢材的屈强比或严格控制板件宽厚比来保证高强度钢受弯构件具有足够的转动能力。⑤高性能钢梁的疲劳性能相对早期高强度钢有显著提升。另外，为了使高性能钢材的优势能在受弯构件中得到充分发挥，提出了混合钢梁的设计方法[10]，Driver、Sause 等[43-44]分析了双腹板工字形截面钢梁、波纹腹板工字形截面钢梁以及钢管翼缘工字形截面钢梁等，并给出了相应设计方法。

1.3.3　高强度钢受压构件

Rasmussen 等[20]对 690MPa 钢材焊接工字形和箱形截面柱进行了试验研究，发现高强度钢柱的整体稳定系数相比具有相同正则化长细比的普通强度柱有明显提高，可选取更高的柱子曲线。Usami 等[19]研究了 690MPa 钢材焊接箱形厚实截面钢柱的整体稳定性，并与其他非厚实截面柱进行了对比，给出了建议的设计公式。石永久等[45-48]分别对国产 Q420、Q460 钢以及欧洲的 S690 和 S960 钢材 H 形、箱形截面柱受压构件的基本力学性能进行了系统研究，分析了初始缺陷和残余应力对构件承载力的影响，给出了构件的失稳形态和屈曲承载力，拟合修正了柱曲线计算公式。李国强[49-51]对 Q460 焊接 H 形、箱形截面柱的残余应力分布、稳定性和承载力等进行了研究，认为残余应力对高强度钢构件承载力的影响较小；高强度钢受压构件的稳定系数高于普通构件，由于高强度钢屈服后的应变强化性能弱于普通钢材，导致高强度钢短柱的正则化强度低于普通钢柱。郝际平等[52-54]对 Q460 高强度角钢的基本性能进行了试验研究，发现该类钢材的整体稳定承载力明显偏高，规范计算值过于保守，拟合修正了柱曲线计算公式，并建议对此类构件的长细比进行折减。陈以一等[55]对 460MPa 的焊接 H 形柱进行了轴压和反复加载试验，结果表明此类构件延性较好。

目前的研究主要集中在构件的残余应力分布、局部稳定、整体稳定、极限承载力等方面。研究结果表明：①残余应力对轴压构件整体稳定承载力的影响随钢材强度的提高而显著降低。②高强度钢残余应力分布形式与普通钢材没有明显区别，可归纳为多折线阶梯状分布模型，在截面各个板件内部基本可以实现自平衡。③焊接箱形截面与绕弱轴失稳的焊接 H 形截面高强度钢受压构件的稳定系数高于普通钢构件。④高强度钢压杆截面宽厚比限值可采用与普通强度钢相同的规定。⑤高强度钢屈服后的应变强化性能弱于普通强度钢材，造成高强度钢短柱的正则化强度低于普通钢材。

1.3.4　高强度钢焊接连接性能

在高强度钢焊接连接方面，Huang 等[56]对抗拉强度为 400～800MPa 的高强度钢的焊接连接进行了试验研究，发现高强度钢试件焊接后变形能力显著下降，认为抗拉强度超过 600MPa 的高强度钢在地震作用下只能利用其弹性变形。Kolstein 等[57]对 S600、S1100 钢等强匹配焊接与低强匹配焊接连接的变形能力进行了研究，指出等强匹配焊接可以提供足够的变形能力，低强匹配焊接连接时需要特别注意连接的强度。Zrilic 等[58]研究了名义屈服强度 700MPa 的低合金高强度钢材的焊接性能，发现熔敷金属的断裂韧性弱于热影响区和母材。Muntean 等[59]对 72 个焊接连接试件进行了单调与往复加载试验，发现不同的试件均在母材处断裂，高强度钢与普通钢混合焊接连接的强度与延性得到保证。文献[60]～[62]针对名义屈服强度为 460～690MPa 的高强度钢焊接连接进行了疲劳性能试验，认为高强度钢焊接连接具有良好的疲劳性能，甚至优于普通强度钢的焊接连接，其疲劳强度高于欧洲规范 EN 1993-1-9 的预期。

Tuma 等[63]指出高强度钢焊接时选择强度略低于母材、塑韧性较好的焊材，能有效地降低焊接接头约束应力水平，从而减少甚至避免焊接冷裂纹的产生。Zrilic 等[64]通过高强度钢焊缝连接拉伸、冲击、弯曲试验，发现微观结构较为均匀的母材和焊缝区与微观结构不均匀的热影响区都有较好的抗裂性，焊缝区的韧性明显低于母材区和热影响区。Iwankiw 发现焊接构件接触面垂直于受力方向的角焊缝强度，大约比接触面平行于受力方向的角焊缝强度增加 50%，并验证了十字接头的构件接触面尺寸（即厚度）对强度影响不大，但对延性影响较大。Rodrigues 等[65]认为高强匹配时，焊接接头均能达到母材强度。当采用较大的热输入和合理的接头宽厚比时，对极端的低强匹配情况，接头强度削弱不会超过 10%。王元清等对 60～150mm 厚的钢板进行了低温冲击韧性试验，认为厚钢板的冲击韧性A_{KV}随温度降低，且同温度下随板厚增大冲击韧性降低，并利用 Boltzmann 函数对试验结果进行了回归分析，得到了钢材的韧脆转变温度。郭宏超分析了 Q460 和 Q690 高强度钢焊接连接承载性能的影响因素，对焊材的匹配性和接头设计提出了建议。

1.3.5　高强度钢螺栓连接性能

Puthli 和 Fleischer[66]根据孔壁承压和净截面拉断两种破坏模式，分析了螺栓边距和间距对连接接头承载力的影响。Kim 和 Yoon 建立了四种螺栓模型，讨论了连接接头的应力分布、失效模式和计算精度。Moze 和 Beg[67]对比高强度钢螺栓连接试验与数值模拟结果，认为欧洲规范 Eurocode 3（简称"EC 3 规范"）计算值偏于保守，并根据试验结果对 EC 3 规范设计公式提出了修正建议。王伯琴进行了螺栓承压连接接头试验，分析了连接板材料、螺栓预拉力、剪切面位置和连接板表面状态对螺栓剪切强度和变形的影响。石永久[68]将试验结果与有限元模拟的应力分布及破坏模式进行对比，分析了板厚、螺栓端距、边距、间距以及钢材抗拉强度和屈服强度对试件承载性能的影响。郭宏超[69]分析了 Q460 和 Q690 高强度钢螺栓连接承载性能的主要影响因素，讨论了 EC 3 规范理论计算公式的适用性。

文献[70]～[75]针对高强度钢螺栓连接，主要分析了螺栓端距、边距、间距及高强度钢材料性能对螺栓连接受剪承载力和变形能力的影响，检验了现有设计规范对高强度钢螺栓连接的适用性。结果表明：①美国规范 AISC-LRFD-1993 可以准确预测高强度钢螺栓连接的承载力；而 AISC-LRFD-1999 中的螺栓连接受剪承载力公式由孔中心距离改为孔边缘距离，其预测值不如 AISC-LRFD-1993 准确，偏保守。②EC 3 规范对于边距、间距小于限值须折减连接承载力的规定偏保守，而对于 S460 钢，螺栓间距与边距要求可以适当放松。③钢材屈强比对螺栓连接的局部变形能力影响较小。④螺栓连接的局部变形能力可以克服因制造和安装误差造成的各螺栓受力不同步，使剪力在各螺栓中重新分布，螺栓端距对连接的局部变形能力影响较大，变形值随端距的减小而降低。

1.3.6 高强度钢连接节点

Kuwamura 对高强度钢梁柱焊接节点进行了拟静力试验与地震响应分析，认为此类节点在强震作用下有足够的安全储备。Jordão 等[76]基于 S355 及 S690 两种等级钢材，对全焊接梁柱节点进行了试验研究，讨论了 EC 3 规范组件法预测高强度钢柱腹板域初始刚度和塑性承载力的有效性。2007 年，Coelho 等[77]进行了 S355 钢梁、柱与 S690 高强度钢端板连接节点性能的试验研究，认为欧洲规范能够较准确地预测此类节点的承载力，但高估了初始转动刚度，节点的转动能力能满足相对更高变形的要求。2009 年，Coelho 等[78]还研究了 S690 和 S960 钢板梁柱连接节点剪切域的强度和刚度，并对钢柱腹板在局部荷载下的弹塑性性能进行了参数分析，通过与欧洲规范预测值对比，给出了高强度钢结构设计建议。孙飞飞[79]通过 Q690 高强度钢端板连接节点的低周往复试验，发现高强度钢端板弹性变形能力较强，易导致螺栓破坏，需提高螺栓的承载力来提高其延性；另外，EC 3 规范组件法的承载力预测公式可直接用于高强度钢端板连接节点，但转动刚度及破坏模式的预测方法并不适用。

1.3.7　高强度钢结构抗震性能

高强度钢在抗震设防区的应用受到地震多发国家和地区的广泛关注，目前已取得的成果主要针对弹性设计与塑性设计，关于高强度钢抗震设计的研究成果相对较少[80]。Kuwamura 等[81]对早期高强度钢压弯试件进行了往复加载试验，评估了高强度钢试件的滞回性能以及纳入抗震结构材料的可行性；还对新型低屈强比高强度钢梁、柱焊接节点的低周疲劳性能进行了试验研究与地震响应分析，认为此类节点在强震作用下有足够的安全储备[82]。Dubina 等[83]针对偏心支撑框架提出了双重抗侧力钢结构系统，即在耗能梁段采用可更换的低屈服点连杆，在非耗能部位采用弹性设计的高强度钢构件，并建立多层框架模型进行了分析验证。

王飞等[84]研究了屈强比对钢框架抗震性能的影响，认为钢材屈强比越大，其构件的塑性转动能力和抗震性能越弱。邓椿森等[85]采用有限元法分析了钢材强度对箱形截面压弯构件滞回性能的影响，发现高强度钢在提高压弯构件承载力和变形能力的同时加速了刚度退化，降低了试件的延性。崔嵬[86]通过对 Q460 H 形、箱形柱的低周反复加载试验和有限元分析，给出了 H 形、箱形柱受压构件的滞回模型。段留省等[87]针对耗能梁段采用较低屈服点钢，其他构件采用高强度钢的 Y 形、K 形偏心支撑结构进行了单调和循环加载试验，研究表明该结构体系承载力高、耗能能力强、延性较好，结构破坏主要集中在第一道抗震防线耗能梁段上，是一种有利于震后修复的双重抗侧力体系。陈以一等[88]提出由高强度钢主框架与耗能跨用普通碳素钢耗能梁组成的复合高强度钢框架结构，并对该结构进行了大比例空间往复加载试验，分析了该结构的屈服时序、损伤发展、耗能模式演化和残余变形等指标，认为该结构具有良好的变形恢复能力，是一种"功能集成型"结构。林旭川等[89-90]提出了一种带阻尼器与"保险丝"连接板的高弹性减震高强度钢结构体系，对带损伤控制"保险丝"的高强度钢梁柱节点进行了拟静力试验，结果表明损伤控制"保险丝"可有效控制梁柱节点的承载力增长，"保险丝"连接板首先屈服耗散地震能量，确保了高强度钢梁柱构件的大震弹性工作要求和节点的安全。

参 考 文 献

[1] Pocock G. High strength steel use in Australia, Japan and the US[J]. Structural Engineer, 2006, 84(21): 27-30.

[2] International Association for Bridge and Structural Engineering. Use and application of high-performance steels for steel structures[M]. Zurich, Switzerland: IABSE, 2005.

[3] Collin P, Johansson B. Bridges in high strength steel[C]//Proceedings of the Responding to Tomorrow′s Challenges in Structural Engineering IABSE Symposium. Zurich, Switzerland: ETH Honggerberg, 2006: 434-435.

[4] Miki C, Homma K, Tominaga T. High strength and high performance steels and their use in bridge structures[J]. Journal of Constructional Steel Research, 2002, 58(1): 3-20.

[5] 范重, 刘先明, 范学伟, 等. 国家体育场大跨度钢结构设计与研究[J]. 建筑结构学报, 2007, 28(2): 1-16.

[6] 佟强, 项艳. 国家游泳中心工程钢结构焊接技术的研究[J]. 建筑技术, 2009, 40(10): 900-904.

[7] 曹现雷, 郝际平, 张天光. 新型 Q460 高强度钢材在输电铁塔结构中的应用[J]. 华北水利水电学院学报, 2011, 32(1): 79-82.

[8] 李正良, 刘红军, 张东英, 等. Q460 高强钢在 1000kV 杆塔的应用[J]. 电网技术, 2008, 32(24): 1-5.

[9] Haaijer G. Economy of high strength steel structural members[J]. Journal of the Structural Division, ASCE, 1961, 87(8): 1-23.

[10] Veljkovic M, Johansson B. Design of hybrid steel girders[J]. Journal of Constructional Steel Research, 2004, 60(3/4/5): 535-547.

[11] Long H V, Jean-Francois D, Lam L D P, et al. Field of application of high strength steel circular tubes for steel and composite columns from an economic point of view[J]. Journal of Constructional Steel Research, 2011, 67(6): 1001-1021.

[12] Pavlina E J, Van Tyne C J. Correlation of yield strength and tensile strength with hardness for steel[J]. Journal of Materials Engineering and Performance, 2008, 17(6): 888-893.

[13] Langenberg P. Relation between design safety and Y/T ratio in application of welded high strength structural steel[C]//Proceedings of International Symposium on Application of High Strength Steels in Modern Constructions and Bridges-Rationship of Design Specifications, Safety and Y/T Ratio. Beijing: China Steel Construction Society, 2008: 28-46.

[14] Sivakumaran S K. Relevance of Y/T ratio in the design of steel structures[C]//Proceedings of International Symposium on Applications of High Strength Steels in Modern Constructions and Bridges-Relationship of Design Specifications, Safety and Y/T Ratio. Beijing: China Steel Construction Society, 2008: 54-63.

[15] Bjorhovde R. Development and use of high performance steel[J]. Journal of Constructional Steel Research, 2004, 60(3/4/5): 393-400.

[16] Nishino F, Ueda Y, Tall L. Experimental investigation of the buckling of plates with residual

stresses[C]//Proceedings of the Test Methods for Compression Members. Philadelphia: ASTM Special Technical Publication, 1967: 12-30.

[17] McDermott J F. Local plastic buckling of A514 steel members[J]. Journal of the Structural Division, ASCE, 1969, 95(9): 1837-1850.

[18] McDermott J F. Plastic bending of A514 steel beams[J]. Journal of the Structural Division, ASCE, 1969, 95(9): 1851-1871.

[19] Usami T, Fukumoto Y. Welded box compression members[J]. Journal of Structural Engineering, ASCE, 1984, 110(10): 2457-2470

[20] Rasmussen K J R, Hancock G J. Plate slenderness limits for high strength steel sections[J]. Journal of Constructional Steel Research, 1992, 23(1/2/3): 73-96.

[21] Rasmussen K J R, Hancock G J. Tests of high strength steel columns[J]. Journal of Constructional Steel Research, 1995, 34(1): 27-52.

[22] Beg D, Hladnik L. Slenderness limit of class 3: I cross-sections made of high strength steel[J]. Journal of Constructional Steel Research, 1996, 38(3): 201-217.

[23] Driver R G, Grondin G Y, MacDougall C. Fatigue research on high-performance steels in Canada[C]//Use and Application of High-Performance Steels for Steel Structures. Zurich, Switzerland: ETH Honggerberg, 2006: 45-55.

[24] Fukumoto Y. New constructional steels and structural stability[J]. Engineering Structures, 1996, 18(10): 786-791.

[25] Galambos T, Hajjar J, Earls C, et al. Required properties of high-performance steels[R]. Report NISTIR 6004. Building and Fire Research Laboratory, National Institute of Standards and Technology, 1997.

[26] Shi G, Ban H Y, Shi Y J, et al. Recent research advances on the buckling behavior of high strength and ultra-high strength steel structures[C]//Proceedings of the 2nd International Conference on Technology of Architecture and Structure. Beijing: Division of Civil, Hydraulic and Architecture Engineering. Chinese Academy of Engineering, 2009: 75-89.

[27] 王元清, 林云, 张延年, 等. 高强度钢材Q460C低温力学性能试验[J]. 沈阳建筑大学学报: 自然科学版, 2011, 27(4): 646-652.

[28] 王卫永, 李国强, 戴国欣. 轴心受压高强度 H 型钢柱抗火性能[J]. 重庆大学学报, 2010, 33(10): 76-82.

[29] 刘兵. 高强度结构钢轴心受压构件抗火性能研究[D]. 重庆: 重庆大学, 2010.

[30] Kuwamura H. Effect of yield ratio on the ductility of high strength steels under seismic loading[C]//Proceedings of the Annual Technic Session. Minneapolis: Structure Stability Research Council, 1988: 201-210.

[31] Kato B. Deformation capacity of steel structures[J]. Journal of Constructional Steel Research, 1990, 17(1/2): 33-94.

[32] Kato B. Role of strain-hardening of steel in structural performance[J]. ISIJ International, 1990, 30(11): 1003-1009.

[33] Earls C J. Constant moment behavior of high performance steel I-shaped beams[J]. Journal of Constructional Steel Research, 2001, 57(7): 711-728.

[34] Fruehan F J. The making, shaping and treating of steel: steel making and refining[M]. 11th ed. Pittsburgh: The AISE Steel Foundation, 1998.

[35] Bjorhovde R, Engestrom M F, Griffis L G, Klobier L A, Malley J O. Structural steel selection considerations[M]. Reston and Chicago: ASCE and AISC, 2001.

[36] Ricles J M, Sause R, Green P S. High-strength steel: implications of material and geometric characteristics on inelastic flexural behavior[J]. Engineering Structures, 1998, 20(4/5/6): 323-335.

[37] Sause R, Fahnestock L A. Strength and ductility of HPS-100W I-girders in negative flexure[J]. Journal of Bridge Engineering, 2001, 6(5): 316-323.

[38] Green P S, Sause R, Ricles J M. Strength and ductility of HPS flexural members[J]. Journal of Constructional Steel Research, 2002, 58(5/6/7/8): 907-941.

[39] Earls C J. On the inelastic failure of high strength steel I -shaped beams[J]. Journal of Constructional Steel Research, 1999, 49(1): 1-24.

[40] Barth K E, White D W, Bobb B M. Negative bending resistance of HPS 70W girders[J]. Journal of Constructional Steel Research, 2000, 53(1): 1-31.

[41] Earls C J, Shah B J. High performance steel bridge girder compactness[J]. Journal of Constructional Steel Research, 2002, 58(5/6/7/8): 859-880.

[42] Thomas S J, Earls C J. Cross-sectional compactness and bracing requirements for HPS 483W girders[J]. Journal of Structural Engineering, ASCE, 2003, 129(12): 1569-1583.

[43] Driver R G, Abbas H H, Sause R. Local buckling of grouted and ungrouted internally stiffened double-plate HPS webs[J]. Journal of Constructional Steel Research, 2002, 58(5/6/7/8): 881-906.

[44] Sause R, Abbas H, Kim B G, et al. Innovative high performance steel bridge girders[C]//Proceedings of the 2001 Structures Congress and Exposition. Reston, United States: American Society of Civil Engineers, 2004: 1-8.

[45] Shi G, Ban H, Bijlaardb F S K. Tests and numerical study of ultra-high strength steel columns with end restraints[J]. Journal of Constructional Steel Research, 2012, 70(3): 236-247.

[46] Ban H, Shi G, Shi Y. Overall buckling behavior of 460MPa high strength steel columns: experimental investigation and design method[J]. Journal of Constructional Steel Research, 2012, 74(7): 140-150.

[47] 班慧勇, 施刚, 石永久. 960MPa 高强度钢材轴压构件整体稳定性能试验研究[J]. 建筑结构学报, 2014, 35(1): 117-125.

[48] 班慧勇, 施刚, 石永久. 960MPa 高强钢焊接箱形截面残余应力试验及统一分布模型研究[J]. 土木工程学报, 2013, 46(11): 63-69.

[49] 李国强, 王彦博, 陈素文. 高强钢焊接箱形柱轴心受压极限承载力试验研究[J]. 建筑结构学报, 2012, 33(3): 8-14.

[50] Wang Y B, Li G Q, Chen S W. Residual stresses in welded flame-cut high strength steel H-sections[J]. Journal of Constructional Steel Research, 2012, 79: 159-165.

[51] Wang Y B, Li G Q, Cui W. Seismic behavior of high strength steel welded beam-column members[J]. Journal of Constructional Steel Research, 2014, 102(11): 245-255.

[52] 曹现雷, 郝际平, 曹志民, 等. 高强单角钢一端偏心压杆极限承载力试验研究[J]. 土木建筑与环境工程, 2009, 31(5): 1-8.

[53] 郭宏超, 郝际平, 简政, 等. 基于不同试验方法的高强等边角钢稳定性研究[J]. 建筑结构, 2013, 43(13): 51-54.

[54] 郭宏超, 郝际平, 简政, 等. Q460 高强角钢极限承载力的试验研究[J]. 工业建筑, 2014, 44(1): 118-123.

[55] 周锋, 陈以一, 童乐为, 等. 高强度钢材焊接 H 形构件受力性能的试验研究[J]. 工业建筑, 2012, 42(1): 32-36.

[56] Huang Y H, Onishi Y, Hayashi K. Inelastic behavior of high strength steels with weld connections under cyclic gradient stress[C]//Proceedings of the 11th Wold Conference on Earthquake Engineering. Paper No. 1745. Oxford: Elsevier Science Ltd, 1996.

[57] Kolstein M, Bijlaard F, Dijkstra O. Deformation capacity of welded joints using very high strength steel[C]//Proceedings of the Fifth International Conference on Advances in Steel Structures. Singapore: Department of Civil Engineering of National University of Singapore, 2007: 514-546.

[58] Zrilic M, Grabulov V, Burzic Z, et al. Static and impact crack properties of a high-strength steel welded joint[J]. International Journal of Pressure Vessels and Piping, 2007, 84(3): 139-150.

[59] Muntean N, Stratan A, Dubina D. Strength and ductility performance of welded connections between high strength and mild carbon steel components: experimental evaluation[C]//Proceedings of the 11th WSEAS International Conference on Sustainability in Science Engineering. Athens, Greece: WSEAS Press, 2009: 387-394.

[60] Mang F, Bucak O, Stauf H. Fatigue behavior of high strength steels, welded hollow section joints and their connections[C]//Proceedings of the 12th International Conference on Offshore Mechanical and Arctic Engineering. New York: ASME, 1993: 709-714.

[61] Barsoum Z, Gustafsson M. Fatigue of high strength steel joints welded with low temperature transformation consumables[J]. Engineering Failure Analysis, 2009, 16(7): 2186-2194.

[62] Costa J D M, Ferreira J A M, Abreu L P M. Fatigue behavior of butt welded joints in a high strength steel[C]//Proceedings of the 10th International Fatigue Congress. Oxford: Elsevier Ltd, 2010: 697-705.

[63] Vojvodic Tuma J, Sedmak A. Analysis of the unstable fracture behaviour of a high strength low alloy steel weldment[J]. Engineering Fracture Mechanics, 2004, 71: 1435-1451.

[64] Zrilic M, Grabulov V, Burzic Z, et al. Static and impact crack properties of a high-strength steel welded joint[J]. International Journal of Pressure Vessels and Piping, 2007, 84: 139-150.

[65] Rodrigues D M, Menezes L F, Loureiro A, et al. Numerical study of the plastic behaviour in tension of welds in high strength steels[J]. International Journal of Plasticity, 2004, 20(1): 1-18.

[66] Puthli R, Fleischer O, Investigations on bolted connections for high strength steel members[J]. Journal of Constructional Steel Research, 2001, 57(3): 313-326.

[67] Primož M, Darko B. Investigation of high strength steel connections with several bolts in double shear[J]. Journal of Constructional Steel Research, 2011, 67(3): 333-347.

[68] Shi G, Shi Y J, Wang Y Q, et al. Numerical simulation of steel pretensioned bolted end-plate connections of different types and details[J]. Engineering Structures, 2008, 30(10): 2677-2686.

[69] Guo H C, Mao K H, Liu Y H, et al. Experimental study on fatigue performance of Q460 and Q690 steel bolted connections[J]. Thin-Walled Structures, 2019, 138: 243-251.

[70] Kim H J, Yura J A. The effect of ultimate-to-yield ratio on the bearing strength of bolted connections[J]. Journal of Constructional Steel Research, 1999, 49(3): 255-269.

[71] Puthli R, Fleischer O. Investigations on bolted connections for high strength steel members[J]. Journal of Constructional Steel Research, 2001, 57(3): 313-326.

[72] Rex C O, Easterling W S. Behavior and modeling of a bolt bearing on a single plate[J]. Journal of Structural Engineering, ASCE, 2003, 129(6): 792-800.

[73] Moe P, Beg D. High strength steel tension splices with one or two bolts[J]. Journal of Constructional Steel Research, 2010, 66(8/9): 1000-1010.

[74] Dusicka P, Lewis G. High strength steel bolted connections with filler plates[J]. Journal of Constructional Steel Research, 2010, 66(1): 75-84.

[75] Moe P, Beg D. Investigation of high strength steel connections with several bolts in double shear[J]. Journal of Constructional Steel Research, 2011, 67(3): 333-347.

[76] Jordão S, Simões da Silva L, Simões R. Behaviour of welded beam-to-column joints with beams of unequal depth[J]. Journal of Constructional Steel Research, 2013, 91: 42-59.

[77] Girao Coelho A M, Bijlaard F S K. Experimental behavior of high strength steel end-plate connections[J]. Journal of Constructional Steel Research, 2007, 63(9): 1228-1240.

[78] Girao Coelho A M, Bijlaard F S K, Kolstein H. Experimental behavior of high-strength steel web shear panels[J]. Engineering Structures, 2009, 31(7): 1543-1555.

[79] 孙飞飞, 孙密, 李国强, 等. Q690 高强钢端板连接梁柱节点抗震性能试验研究[J]. 建筑结构学报, 2014, 35(4): 116-124.

[80] 李国强, 王彦博, 陈素文, 等. 高强度结构钢研究现状及其在抗震设防区应用问题[J]. 建筑结构学报, 2013, 34(1): 1-13.

[81] Kuwamura H, Kato B. Inelastic behavior of high strength steel members with low yield ratio[C]//Proceedings of the 2nd Pacific Structural Steel Conference. Victoria, Australia: ARRB Group Ltd, 1989: 429-437.

[82] Kuwamura H, Suzuki T. Low-cycle fatigue resistance of welded joints of high-strength steel under earthquake loading[C]//Proceedings of the Tenth World Conference on Earthquake Engineering. Rotterdam, Netherland: A. A. Balkema, 1992: 2851.

[83] Dubina D, Stratan A, Dinu F. Dual high-strength steel eccentrically braced frames with removable links[J]. Earthquake Engineering and Structural Dynamics, 2008, 37(15): 1703-1720.

[84] 王飞, 施刚, 戴国欣, 等. 屈强比对钢框架抗震性能影响研究进展[J]. 建筑结构学报, 2010, 31(S1): 18-22.

[85] 邓椿森, 施刚, 张勇, 等. 高强度钢材压弯构件循环荷载作用下受力性能的有限元分析[J]. 建筑结构学报, 2010, 31(S1): 28-34.

[86] 崔嵬. Q460 高强钢柱的滞回模型[D]. 上海: 同济大学, 2011.

[87] 段留省, 苏明周, 焦培培, 等. 高强钢组合 Y 形偏心支撑钢框架抗震性能试验研究[J]. 建筑结构学报, 2014, 35(12): 89-96.

[88] 陈以一, 柯珂, 贺修樟, 等. 配置耗能梁的复合高强钢框架抗震性能试验研究[J]. 建筑结构学报, 2015, 36(11): 1-9.

[89] Lin X C, Okazaki T, Hayashi K, et al. Bolted built-up columns constructed of high-strength steel under combined flexure and compression[J]. Journal of Structural Engineering (ASCE), 2017, 143(2): 04016159.

[90] 胡阳阳, 林旭川, 吴开来, 等. 带 "保险丝" 连接板的焊接高强钢梁柱节点抗震性能试验研究[J]. 工程力学, 2017, 34(S1): 143-148.

第 2 章

高强度钢材力学性能

　　为保证结构及其构件具有足够的延性和塑性变形能力，《建筑抗震设计标准》GB/T 50011—2010（2024 年版）[1]和《钢结构设计标准》GB 50017—2017[2]对结构钢材的选材作出了以下规定：（1）屈强比实测值不大于 0.85；（2）有明显的屈服平台，且断后伸长率不低于 20%；（3）具有良好的可焊性和合格的冲击韧性；（4）钢材应满足屈服强度实测值不高于上一级钢材屈服强度规定值的条件。考虑到高强度钢屈强比增大、断后伸长率减小、延性变差，《高强钢结构设计标准》JGJ/T 483—2020 规定：结构采用抗震性能化设计时，钢材的实测屈强比不大于 0.9，断后伸长率不小于 16%。文献[3]总结了各国规范规定，发现对屈强比的限值大多集中在 0.80～0.85 之间，EC 3 规范补充条款规定高强度钢材的最大屈强比不超过 0.95[4]；对钢材断后伸长率的要求集中在 15%～20%。

2.1　高强度钢材静力拉伸试验

　　高强度钢材的材性试验和力学性能指标的有关研究详见表 2-1、表 2-2。

高强度钢材单调拉伸试验有关研究　　　　　　　　表 2-1

年份	文献	研究方法	钢材牌号	f_y/MPa	研究内容
2019	[5]	试验	27SiMn	557.9	通过对 27SiMn 钢板试件进行单调拉伸试验，对比同强度其他钢材，得到其本构模型
2018	[6]	试验	F700	761	通过对 F700 高强度钢进行拉伸试验，对比研究了室温下其在静态与动态下的力学性能
2017	[7]	试验	Q690	803	试验研究 Q690 高强度钢材力学性能，并与 Q235 钢材和 Q460 钢材对比分析，得出高强度钢的优势所在
2013	[8]	试验	Q460	505.8	通过对 Q460 高强度钢进行单调拉伸试验，与 Q355 钢对比，得出高强度钢力学性能等特点

年份	文献	研究方法	钢材牌号	f_y/MPa	研究内容
2017	[9]	试验	HTRB600	500	通过对 HTRB600 钢材进行高温后的拉伸试验，得到其力学性能
2016	[10]	综述	高强度钢材	—	总结分析国内外高强度钢的应用现状和材料性能
2019	[11]	试验	38CrSi	1614.6	试验研究了淬火加中温回火处理的高强度 38CrSi 钢在常温至 700℃的静态、动态力学性能
2023	[12]	试验	Q890/Q960	853.7/898.5	通过超低温环境下的单轴拉伸试验测试了高强度钢 Q890 以及 Q960 钢材在北极低温环境下的应力应变响应，并且给出了强度预测公式
2024	[13]	试验	ER120S-G	783.9	研究了增材制造工艺形成的高强度钢单调拉伸力学性能，并且对其微观金相组织进行了扫描分析
2024	[14]	试验	Q460/Q690	520/741	通过单轴拉伸试验研究了冷成型高强度钢前 Q460 以及 Q690 力学性能，并且提出了强度预测模型
2016	[15]	试验	SM570	543	日本高强度钢 SM570 的屈服强度、屈强比、延伸率、延性断裂系数和夏氏冲击能量等相关特性
2023	[16]	试验	Hg785	615	研究了 Hg785 钢材在低温环境下的力学性能和破坏模式，建立了该钢材力学性能指标预测模型
2009	[17]	试验	贝氏体高强度钢	950	通过在不同温度下对贝氏体高强度钢三个相互垂直的方向进行拉伸试验，分析该钢材的拉伸断裂行为
2018	[18]	试验	Q890	890	利用稳态拉伸试验法对 Q890 高强度钢在不同火灾高温下的力学性能进行了试验研究，并与规范对比分析
2019	[19]	试验	Q600	663	通过对 600MPa 级高强度钢筋拉伸试验，研究了在不同温度下其力学性能的变化规律，最后得到本构模型
2019	[20]	试验	Q550D	754	基于稳态试验方法，对 Q550D 高强度钢进行拉伸试验，得到 Q550D 高强度钢力学性能数据，并与规范比较
2018	[21]	试验	Q550	692	通过稳态拉伸法对国产 Q550 高强度钢高温力学性能进行试验研究，得到高温下 Q550 高强度钢力学性能参数的数学模型
2019	[26]	试验	921A	590	采用万能试验机和霍普金森压杆（SHPB）系统，对火灾爆炸下 921A 钢高温力学性能及动态力学性能进行研究
2006	[29]	试验	X80	620	对某钢厂生产的 X80 级别管线钢进行拉伸试验
2009	[30]	试验	S690	690	介绍关于 S690 高强度钢柱屈曲性能的研究进展，并通过试验证明了残余应力会降低钢材的屈服强度
2009	[30]	试验	S960QL	960	介绍关于 S960QL 高强度钢的研究进展，包括力学性能和设计方法
2008	[31]	试验	S335、S460、S690、S890	335、460、690、890	总结了 S355、S460、S690 和 S890 四种欧洲高强度结构钢材的力学性能，包括延性、韧性试验数据等
2020	[36]	试验	Q690	743.2	研究了加载方式对 Q690 高强度钢力学性能的影响，包括单调拉伸和循环加载方式，考虑了预应变、加载速率、持续时间等参数
2019	[37]	试验	Q235、Q355、Q690	275、410、575	介绍了结构钢高温暴露后的一系列单调拉伸试验和循环加载试验，并且考虑了三种冷却方法，总结了火灾后钢在循环加载前后的强度发展

高强度钢材力学性能指标有关研究　　　　　　　表 2-2

文献	钢材牌号	E_s/MPa	f_y/MPa	f_u/MPa	屈强比	ε_u	断后伸长率A/%
[5]	Q460-11	208000	505.8	597.5	0.85	0.065	23.7
	Q460-21	218000	464.0	585.9	0.79	0.142	30.3
	Q500	206000	500	610	0.82	0.100	—
	Q550	225000	686	784	0.88	0.044	—
	Q690	224000	791	845	0.94	0.066	—
	Q890	193000	908	967	0.93	0.053	—
	Q960	208000	974	1052	0.93	0.019	—
	27SiMn	199000	557.9	753	0.74	0.131	20.0
[6]	F700	—	761	—	—	0.041	17.1
[7]	Q690	206000	803	869	0.92	0.060	13.1
[8]	Q460	208000	505.8	597.5	0.85	0.065	23.7
[9]	HTRB600	200000	500	750	0.67	0.020	15.0
[11]	38CrSi	210000	1614.6	—	—	0.040	—
[12]	Q890	198300	853.7	945	0.90	—	16.9
	Q960	198800	898.5	1003.8	0.90	—	17.5
[13]	ER120S-G	202000	783.9	902.4	0.87	0.108	19.5
[14]	Q460	204000	520	585	0.89	0.128	24.7
	Q690	206000	741	819	0.90	0.107	22.67
[15]	SM570	—	543	643	0.84	—	15.0
[16]	Hg785	1850000	615	699	0.88	0.19	
[17]	贝氏体高强度钢	—	950	1000	0.95	—	—
[18]	Q890	193000	890	934	0.95	—	—
[19]	Q600	205000	663	864	0.77	0.152	21.9
[20]	Q550D	206000	754	839.7	0.90	0.047	20.2
[21]	国产 Q550	214459	692	747	0.93	0.050	17.36
[26]	921A	—	590	—	—	0.020	—
[29]	X80 管线钢	200000	620	—	—	0.350	16.0
[30]	S960QL	—	960	1060	0.91	—	16.0
[31]	S335		335	500	0.67		—
	S460	—	460	600	0.77		17.0
	S690	—	690	821	0.84		18.3
	S890	—	890	1000	0.89		20.1
[36]	Q690	191100	743.2	776.7	0.96	0.052	—

文献	钢材	E_s/MPa	f_y/MPa	f_u/MPa	屈强比	ε_u	断后伸长率A/%
[37]	Q235	—	275	400	0.69	0.011	—
	Q355	—	410	690	0.59	0.014	—
	Q690	—	575	720	0.80	0.020	—

通过总结分析高强度钢材料力学性能试验数据（图 2-1、图 2-2），从应力-应变曲线、屈强比、延性 3 个方面分析其力学特性，为数值模拟提供合理的材料本构模型。

不同批次试件单调拉伸试验数据分布较为离散，基本力学性能有差异，由整体数据分布可知，高强度钢屈强比的范围为 0.75～1.00；随着钢材屈服强度的提高，材料屈强比增大、断后伸长率减小，对于屈服强度小于 690MPa 的钢材，绝大部分的试验结果满足规范的要求；当屈服强度高于 690MPa 时，屈强比基本在 0.9 以上，部分超过欧洲规范补充条款规定的最大限值。

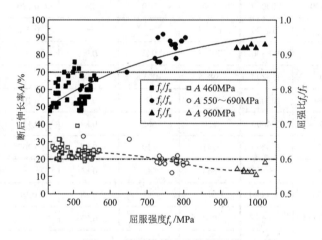

图 2-1 单调拉伸试验数据汇总

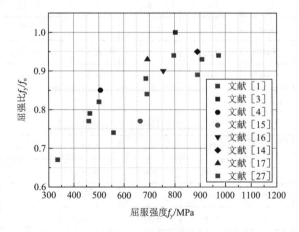

图 2-2 屈强比对比图

2.2　高强度钢材循环加载试验

高强度钢材在循环荷载作用下的本构关系和力学性能见表 2-3。研究表明，Q460 和 Q690 高强度钢材在循环荷载作用下有包辛格效应，滞回环体饱满、稳定，材料的滞回耗能性能良好；随着屈服强度的提高，高强度钢循环硬化效应降低，软化现象显著，循环加载的骨架曲线可采用 Ramberg-Osgood 模型。

高强度钢材循环加载试验有关研究　　　　　　　　表 2-3

年份	文献	研究方法	钢材牌号	f_y/MPa	研究内容
2013	[8]	试验	Q460	505.8	通过对 Q460 高强度钢进行循环加载试验，将结果与 Q355 钢进行对比分析
2018	[22]	试验	Q980、P980	1000	研究超高强度钢的循环加载性能，分析随着循环次数的增加超高强度钢的力学性能
2011	[23]	试验	Q460C	465	对 Q460C 高强度钢进行循环加载试验，得到高强度钢材的滞回性能
2020	[24]	试验	高强耐蚀钢	659	研究了加载历史、应变幅值和应变增量对高强耐蚀钢力学性能的影响，并且利用 Ramberg-Osgood 模型描述了其循环加载行为
2021	[25]	试验	Q460D	572	研究了开孔 Q460 钢材在循环加载下的破坏特征和力学性能
2012	[27]	试验	Q460D	558	对 Q460D 高强度结构钢进行不同加载制度下的循环加载试验，分析不同加载方式对其本构关系的影响
2016	[28]	试验	Q690GJ	814	对国产 Q690GJ 高强度结构钢进行循环加载试验
2016	[32]	试验	Q346、Q460	346、465	钢材基本力学性能试验
2020	[33]	试验	MarBN 钢	600	讨论了 MarBN 钢在高温下的低周疲劳行为，采用四种循环加载波形研究了其力学和微观结构特征
2014	[34]	试验	Q460	460	基于 Ramberg-Osgood 方程本构模型，描述名义屈服强度在 235～420N/mm² 之间的碳钢的滞回行为
2018	[35]	试验	D460、D550	478、704	研究了两种钢材在循环荷载下的应力-应变曲线和能量耗散行为
2020	[36]	试验	Q690	743.2	研究了加载方式对高强度钢 Q690 力学性能的影响，考虑了预应变、加载速率、持续时间等参数，进行单调拉伸和循环加载
2019	[37]	试验	Q235、Q355、Q690	275、410、575	介绍了结构钢高温暴露后的循环加载试验，考虑了三种冷却方法，分析火灾后钢材在循环加载前后的强度变化
2019	[38]	试验	NV-D36	430	选用海洋平台常用的高强度钢 NV-D36 进行试验，设计了 7 个典型的极端循环加载工况进行分析
2018	[39]	试验	NV-D36	430	研究了结构钢 NV-D36 在不同循环荷载作用下的性能，比较了不同加载方案下钢材的承载力
2021	[40]	试验	S600E	755	研究了 S600E 在循环加载下的力学性能，并且利用 Chaboche 塑性本构模型模拟了钢材在循环加载下的力学行为

Ramberg-Osgood 模型可较好地预测无明显屈服平台钢材的应力应变关系。高强度钢在循环加载作用初期有硬化现象，加载后期会出现软化现象，且包辛格效应较普通钢材更为显著，普通的双折线本构模型无法反映高强度钢在循环荷载作用下的力学性能。与普通钢材类似，高强度钢在循环加载过程中会经历各向同性强化以及随动强化。Chaboche 塑性本构模型满足了上述高强度钢在循环加载下的性能表现，被广泛应用于高强度钢的循环本构模型来进行分析计算。与单调拉伸下高强度钢性能相比，经过循环加载后高强度钢材的抗拉强度及屈强比均有所增大，峰值应变明显减小，极限应变明显下降，钢材经受循环作用产生塑性损伤累积后会导致延性变差。

2.3 高强度钢材本构模型

恰当的本构模型能够准确计算结构的地震响应，反映构件真实的受力性能。班慧勇[41]采用图 2-3 所示的三折线随动强化本构模型对高强度钢柱的整体稳定性进行了研究，施刚[42]针对无屈服平台高强度钢拉伸过程中存在的非线性特征，提出采用 Ramberg-Osgood 模型及其修正形式描述高强度钢本构关系，对其中多次非线性迭代作了简化，提出了如图 2-4 所示的修正多折线本构模型，可以较好地反映高强度钢在单调拉伸荷载下的受力特征。

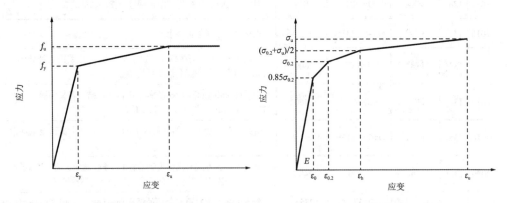

图 2-3　三折线随动强化本构模型　　　图 2-4　修正的多折线本构模型

表 2-4 给出了几种具有代表性的高强度钢材本构关系的力学参数值。

Xi[43]提出了经历−165～20℃极端低温后的 Q690E 以及 Q960E 钢材在单调拉伸作用下的全阶段本构模型，该模型可以较好地反映低温环境下高强度钢的应力应变发展关系。全阶段本构模型可分为三个阶段，见图 2-5 中阶段 1～阶段 3；根据应变发展情况，又可将其分为弹性阶段、非线性阶段、应变硬化阶段以及颈缩阶段，见图 2-5。阶段 1～阶段 3 的具体表达式见式(2-1)～式(2-3)。

不同强度等级结构钢材本构模型的参数取值　　　　　表 2-4

本构类型	钢材牌号	f_y/MPa	f_u/MPa	ε_y	ε_{st}/%	ε_u/%
单调线性本构模型	Q460	460	550	f_y/E	2.0	12
单调线性本构模型	Q500	500	610	f_y/E	—	10
	Q550	550	670	f_y/E	—	8.5
	Q620	620	710	f_y/E	—	7.5
	Q690	690	770	f_y/E	—	6.5
	Q800	800	840	f_y/E	—	6.0
	Q890	890	940	f_y/E	—	5.5
	Q960	960	980	f_y/E	—	4.0

本构类型	钢材牌号	E/GPa	$E_{0.2}$/GPa	$\sigma_{0.2}$/MPa	ε_u	σ_u/MPa
单调非线性本构模型	Q550	220	5.5	0.88672	0.0651	768
	Q550	221	5.4	0.86480	0.04016	821
	Q690	224	12.0	0.93544	0.04796	845
	Q690	222	7.1	0.94377	0.03458	877
	Q890	195	0.4	0.93969	0.05062	972
	Q890	196	0.4	0.93290	0.04122	977
	Q960	211	9.4	0.92426	0.01568	1043
	Q960	211	9.3	0.91873	0.02544	1059

$$
\varepsilon = \begin{cases}
\dfrac{\sigma}{E_{sT}} + 0.002\left(\dfrac{\sigma}{f_{yT}}\right)^{n_T} & 0 \leqslant \sigma \leqslant f_{yT} \quad (2\text{-}1) \\[3mm]
\dfrac{\sigma - f_{yT}}{E_{sT}} + \left(\varepsilon_{uT} - \varepsilon_{0.2T} - \dfrac{f_{uT} - f_{yT}}{E_{0.2T}}\right) \times \left(\dfrac{\sigma - f_{yT}}{f_{uT} - f_{yT}}\right)^{m_T} + \varepsilon_{0.2T} & f_{yT} \leqslant \sigma \leqslant f_{uT} \quad (2\text{-}2) \\[3mm]
\varepsilon_{uT} + (\varepsilon_{FT} - \varepsilon_{uT})\left(\dfrac{\sigma - f_{uT}}{\sigma_{FT} - f_{uT}}\right)^{k_T} & f_{yT} \leqslant \sigma \leqslant f_{uT} \quad (2\text{-}3)
\end{cases}
$$

式中：E_{sT} 为温度为 T 时的弹性模量，$E_{0.2T}$ 为温度为 T 时在屈服点处的切线模量；f_{yT}、f_{uT}、σ_{FT} 分别为温度为 T 时的屈服、极限以及开裂强度；$\varepsilon_{0.2T}$、ε_{uT}、ε_{FT} 分别为对应于 f_{yT}、f_{uT}、σ_{FT} 的应变；n_T、m_T 分别为对应于阶段 1 和阶段 2 的应变硬化指数；k_T 为阶段 3 的应变软化指数。

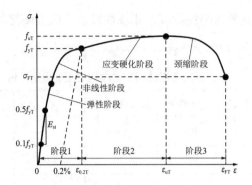

图 2-5　低温下高强度钢全阶段本构模型

Yang 等[44]提出了一种高强度钢连续动态本构模型，由钢材在静态单轴拉伸下的应力-应变曲线与应变率效应模型相乘得到，而应变率效应模型又取决于材料强度和应变速率。具体表达式见式(2-4)～式(2-7)。

$$\sigma = \sigma_s(\varepsilon) \cdot \mathrm{DIF}_{avg}(\dot{\varepsilon}, f_y) \tag{2-4}$$

$$\mathrm{DIF}_{avg}(\dot{\varepsilon}, f_y) = 1 + \left(\frac{\dot{\varepsilon}}{D_{avg}}\right)^{\frac{1}{P_{avg}}} \tag{2-5}$$

$$D_{avg} = 1000\left(\frac{f_y}{235}\right)^6 \tag{2-6}$$

$$P_{avg} = 3\left(\frac{f_y}{235}\right)^{0.2} \tag{2-7}$$

式中：$\sigma_s(\varepsilon)$ 为静态应力-应变曲线；$\mathrm{DIF}_{avg}(\dot{\varepsilon}, f_y)$ 为应变率效应模型。

将静力荷载下高强度钢应力应变关系代入动态连续本构模型，对动力荷载下高强度钢材应力应变响应进行验证，结果如图 2-6 所示。对比结果显示了该模型对分析高强度钢在动力荷载下应力应变发展规律的有效性。

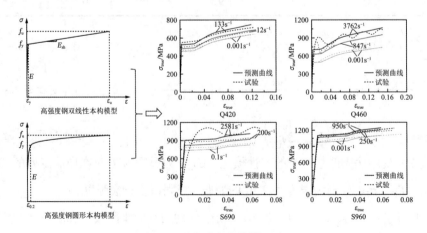

图 2-6　连续动态本构模型验证

相较于单调荷载作用下的本构关系，高强度钢材在循环荷载作用下的本构关系能够更加准确地描述钢材在地震作用下的力学行为。胡方鑫[45-47]开发了高强度钢循环弹塑性本构模型，该模型可以通过非线性运动硬化跟踪高强度钢材在循环荷载作用下的包辛格效应，并且可以解释高强度钢材在循环加载下的硬化和软化现象，但模型参数标定较为烦琐，对于无屈服平台的高强度钢需要标定 22 个参数。施刚[27]以标定参数较少的 Chaboche 混合强化模型为基础，对 Q460D 钢材进行了参数标定并验证了其适用性，参数标定结果见表 2-5。结果表明 Chaboche 混合强化模型可以准确反映 Q460D 钢结构在地震作用下的力学性能。Chaboche 模型包含各向同性强化部分和非线性随动强化部分，见图 2-7。各向同性强化部分由式(2-8)确定。

$$\sigma^0 = \sigma \mid_0 + Q_\infty (1 - e^{-b_{iso}\varepsilon^p}) \tag{2-8}$$

式中：$\sigma \mid_0$ 为等效塑性应变为零时的应力；Q_∞ 为屈服面的最大变化值；b_{iso} 为屈服面大小随塑性应变增加的变化率。σ^0 和 ε^p 由试验标定，Q_∞ 和 b_{iso} 由试验曲线拟合得到，具体过程如下。

σ^0 和 ε^p 的标定过程如式(2-9)~式(2-11)所示。

$$\sigma_i^0 = \frac{\sigma_i^t - \sigma_i^c}{2} \tag{2-9}$$

$$\varepsilon_i^p = \frac{1}{2}(4i - 3)\Delta\delta_p \tag{2-10}$$

$$\Delta\delta_p \approx \Delta\varepsilon - 2\sigma_1^t/E \tag{2-11}$$

式中：σ_i^0 为第 i 圈的屈服面；σ_i^t 和 σ_i^c 分别为第 i 圈弹性区的最大拉应力和压应力；$\Delta\delta_p$ 为塑性区域范围。

将 $(\sigma_i^0, \varepsilon_i^p)$ 代入式(2-8)，拟合可得到 Q_∞ 和 b_{iso}。

随动强化部分定义了背应力，其表达式见式(2-12)。

$$\alpha = \frac{C_{kin}}{\gamma}(1 - e^{-\gamma\varepsilon^p}) + \alpha_1 e^{-\gamma\varepsilon^p} \tag{2-12}$$

参数 C_{kin} 和 γ 由试验标定，数据点 $(\sigma_i, \varepsilon_i^p)$ 由试验数据确定，其中 ε_i^p 表达式如式 (2-13)所示，ε_0^p 是应力-应变曲线通过应变轴的塑性应变值。定义 $\varepsilon_1^p = 0$，则 $\varepsilon_0^p = \varepsilon_1 - \frac{\sigma_1}{E}$。背应力 α_i 由式(2-14)确定，其中 σ_1 和 σ_n 是每组数据的第一个和最后一个数据点的应力值。

$$\varepsilon_i^p = \varepsilon_i - \frac{\sigma_i}{E} - \varepsilon_0^p \tag{2-13}$$

$$\begin{cases} \alpha_i = \sigma_i - \sigma_s \\ \sigma_s = \dfrac{\sigma_1 + \sigma_n}{2} \end{cases} \tag{2-14}$$

Chaboche 塑性本构参数标定结果　　　　　　　　　　　　　　表 2-5

钢材牌号	$\sigma\|_0$ / (N/mm²)	Q_∞ / (N/mm²)	b_{iso}	$C_{kin,1}$ / (N/mm²)	γ_1	$C_{kin,2}$ / (N/mm²)	γ_2	$C_{kin,3}$ / (N/mm²)	γ_3
Q460	474	102.7	2.59	4797	156	3794	145	1498	107

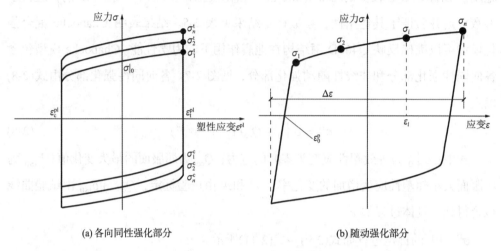

(a) 各向同性强化部分　　　　　　　　　　　(b) 随动强化部分

图 2-7　Chaboche 塑性本构模型

李国强等[48]提出将初始缺陷、金属延性损伤本构与 Chaboche 混合强化本构模型相结合的思路来研究 Q690 高强度钢柱绕强轴弯曲加载试验，并对该本构模型计算结果进行了验证，如图 2-8 所示。有限元模型结果可以准确反映高强度钢柱角局部屈曲及开裂现象，与试验曲线吻合较好。

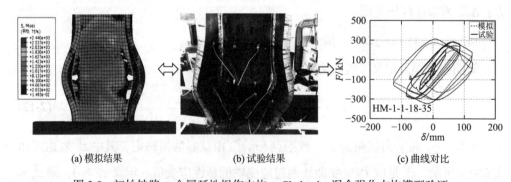

(a) 模拟结果　　　　　　　　(b) 试验结果　　　　　　　(c) 曲线对比

图 2-8　初始缺陷 + 金属延性损伤本构 + Chaboche 混合强化本构模型验证

考虑到环境温度会对高强度钢本身的性能产生显著影响，经过火灾高温及冷却后，高强度钢材的力学性能会发生不同程度的退化，余玉洁等[49]对经历 500～1000℃高温并且在自然冷却和浸水冷却后的 Q690 钢材进行了循环加载试验，根据试验结果对 Chaboche 塑性本构模型参数进行了标定。结果表明，当过火温度低于 600℃ 时，Q690 钢材在循环荷载作用下表现出应变软化现象，弹性模量降低；当过火温度高于 600℃时，Q690 钢材在循环荷载作用下表现出明显的应变硬化现象，初始屈服强度提升；经标定后的 Chaboche 模型计算结果与试验吻合良好。高温冷却后 Q690 Chaboche 模型参数标定结果见表 2-6。

高温冷却后 Q690 Chaboche 模型参数标定结果　　　　表 2-6

冷却方式	温度/℃	E/MPa	σ_0/MPa	R_∞/MPa	屈服面变化率 b	背应力参数							
						C_1	γ_1	C_2	γ_2	C_3	γ_3	C_4	γ_4
自然/浸水	20~600	1.9×10^5	650	−220	3.4	120000	1200	19800	330	11200	70	—	—
自然冷却	700	1.85×10^5	550	−180	3	120000	1200	13200	330	10500	70	—	—
	900	1.8×10^5	430	120	1	20000	500	13200	330	12000	100	4800	30
	1000	1.8×10^5	390	100	1	20000	500	13200	330	9000	100	2700	30
浸水冷却	700	1.9×10^5	540	−120	3.5	100000	1000	7800	130	11200	70	—	—
	900	1.95×10^5	820	120	2	24000	500	67600	260	13000	50	5400	20
	1000	1.9×10^5	800	120	3	19200	400	62400	240	11900	70	3400	20

　　Chaboche 模型虽然需要的标定参数较少，但仍需通过圆棒循环加载试验进行参数标定，试验难度较高。为此，班慧勇等[50]直接将复杂本构关系与高强度钢材屈服强度相关联，通过相关公式进行拟合，提出了复杂参数四步预测方法。基于新的预测方法，当高强度钢材屈服强度已知时，即可调用所有 Chaboche 本构模型参数，极大地简化了模型的使用难度。Chaboche 模型参数拟合方程如表 2-7 所示。

Chaboche 模型参数拟合方程　　　　表 2-7

参数类型	参数预测步骤	参数	拟合公式	备注
—	第一步：确定σ_y	σ_y	—	钢材屈服强度
各向同性硬化参数	第二步：确定各向同性硬化参数	$\sigma\vert_0$	$\sigma\vert_0 = 0.88\sigma_y + 9$	E_0：弹性模量 ε_u：极限应变 σ_u：极限应力
		Q_∞	$\dfrac{Q_\infty}{\sigma_y} = 47.8\sigma_y^{-0.68} - 0.684Q_\infty \leqslant 0.65(\sigma_u - \sigma_y)$	
		b	$b = \dfrac{-\ln 0.005}{\varepsilon_u - \dfrac{\sigma\vert_0}{E_0}}$	

参数类型	参数预测步骤	参数	拟合公式	备注
运动硬化参数	第三步：确定C_k	C_1	$C_1 = 11.75\sigma_y + 8925.8$	—
		C_2	$C_2 = 5.64\sigma_y + 1144.5$	
		C_3	$C_3 = 1.75\sigma_y + 657.6$	
	第四步：将C_k代入公式求γ_k	γ_1　γ_2　γ_3	$\dfrac{C_k}{\gamma_k} = 0.06\sigma_y + 24.5$	

孙飞飞等[35]对比了循环荷载作用下 Chaboche 模型、Dong-Shen 模型以及 Giuffre-Menegotto-Pinto 模型对于高强度钢 Q460D、Q550D、Q690D、Q890D 的适用性。结果表明采用 Dong-Shen 模型进行模拟计算的结果与试验结果吻合最好（图 2-9）。

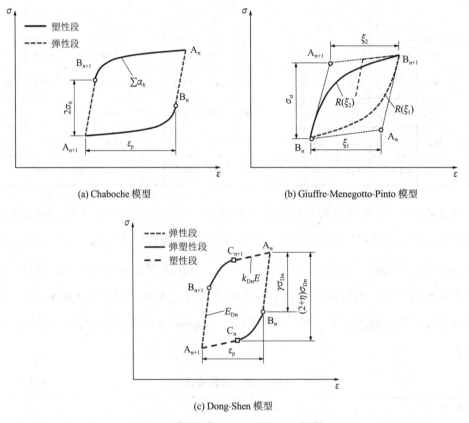

(a) Chaboche 模型　　　　　(b) Giuffre-Menegotto-Pinto 模型

(c) Dong-Shen 模型

图 2-9　高强度钢不同本构模型示意

李国强等[51-52]对 Q460 高强度钢滞回曲线形状进行回归分析，提出了更为简单的三线性分段模型来预测其循环加载路径；对 Armstrong-Frederick 模型（A-F 模型）进行了参数标定，但该模型无法反映高强度钢全阶段软化现象；为此提出了一种 HSS-TD 模型，可以较好地捕捉高强度钢在循环荷载作用下的应变软化现象，并且对本构模型参数进行了标定和验证。研究成果如图 2-10、图 2-11 所示。

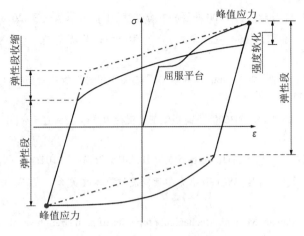

图 2-10　HSS-TD 模型

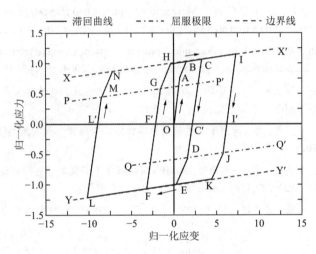

图 2-11　高强度钢三线性本构模型

参 考 文 献

[1]　住房和城乡建设部. 建筑抗震设计标准 (2024 年版): GB/T 50011—2010[S]. 北京: 中国建筑工业出版社, 2016.

[2]　住房和城乡建设部. 钢结构设计标准: GB 50017—2017[S]. 北京: 中国建筑工业出版社, 2017.

[3]　班慧勇, 施刚, 石永久, 等. 建筑结构用高强度钢材力学性能研究进展[J]. 建筑结构, 2013, 43(2): 88-94+67.

[4]　BS EN 1993-1-12, Eurocode 3 Design of steel structures: Part 1-12: additional rules for the extension of EN 1993 up to steel grades S700[S]. London: BSI, 2007.

[5]　祝小龙, 陈力, 郑宇宙, 等. 27SiMn 高强钢板单向拉伸力学性能试验研究[J]. 钢结构, 2019, 34(12): 15-20.

[6] 寿先涛, 郑必举, 王毛球, 等. F700 高强钢的力学性能[J]. 金属热处理, 2018, 43(11): 208-211.

[7] 李国强, 吕慧宝, 张超. Q690 钢材高温后的力学性能试验研究[J]. 建筑钢结构进展, 2017, 38(5): 109-116.

[8] 孙飞飞, 谢黎明, 崔嵬, 等. Q460 高强钢单调与反复加载性能试验研究[J]. 建筑结构学报, 2013, 34(1): 30-35.

[9] 公伟, 胡克旭, 王懿迪. HTRB600 级高强钢筋高温后力学性能试验研究[J]. 河北工程大学学报, 2017, 34(1): 6-11.

[10] 任楚超. 高强钢结构研究进展[J]. 中国建材科技, 2016, 25(2): 99-101.

[11] 魏刚, 张伟, 邓云飞. 高强 38CrSi 钢力学性能测试及本构关系研究[J]. 振动与冲击, 2019, 38(18): 179-184.

[12] Chen M T, Cai A, Pandey M, et al. Mechanical properties of high strength steels and weld metals at arctic low temperatures[J]. Thin-Walled Structures, 2023, 185: 110543.

[13] Chen M T, Zhang T Y, Gong Z C, et al. Mechanical properties and microstructure characteristics of wire arc additively manufactured high-strength steels[J]. Engineering Structures, 2024, 300: 117092.

[14] Liu H X, Chen J B, Chan T M. Mechanical properties of corner material in cold-formed steel structure: From normal strength to high strength[J]. Structures, 2024, 59: 105651.

[15] 贾良玖, 陈以一, 葛汉彬. 日本高强度结构钢 SM570 的弹塑性和延性断裂特性[J]. 工业建筑, 2016, 46(7): 10-15+60.

[16] 蔡鸷, 陈满泰, 左文康, 等. 高强度钢材低温力学性能试验研究与预测模型[J/OL]. 上海交通大学报: 1-17[2024-02-29].

[17] 闫英杰, 曹睿, 杜挽生, 等. 一种新型 980MPa 高强钢在不同温度下的拉伸断裂试验[J]. 材料科学与工程学报, 2009, 27(118): 246-249.

[18] 李国强, 黄雷, 张超. 国产超高强钢 Q890 高温力学性能试验[J]. 建筑科学与工程学报, 2018, 35(3):1-6.

[19] 孙传智, 王可卿, 乔燕, 等. 高温下 600MPa 级高强钢筋力学性能试验研究[J]. 西安建筑科技大学学报 (自然科学版), 2019(3): 355-361.

[20] 范圣刚, 刘平, 石可, 等. 高温下与高温后 Q550D 高强钢材料力学性能试验[J]. 天津大学学报: 自然科学与工程技术版, 2019, 52(7): 16-25.

[21] 李国强, 黄雷, 张超. 国产 Q550 高强钢高温力学性能试验研究[J]. 同济大学学报 (自然科学版), 2018, 46(2): 170-176.

[22] 韩飞, 周子浩, 王允. Q&P980 超高强钢的循环加载性能和微观组织表征[J]. 清华大学学报 (自然科学版), 2018, 58(7): 677-683.

[23] 施刚, 王飞, 戴国欣, 等. Q460C 高强度结构钢材循环加载试验研究[J]. 东南大学学报 (自然科学版), 2011, 41(6): 1259-1265.

[24] 饶兰, 岳清瑞, 郑云, 等. 高强耐蚀钢材料力学特性试验研究[J]. 建筑结构学报, 2020, 41(5): 147-156.

[25] 罗文伟, 李海锋, 曹宝安. 开孔 Q460 高强钢在大应变循环拉伸下的力学性能[J]. 建筑材料学报, 2021, 24(6): 1291-1299.

[26] 徐磊, 卢永锦. 火灾爆炸作用下 921A 钢力学性能及本构关系[J]. 船舶工程, 2019, 41(1): 69-73.

[27] 施刚, 王飞, 戴国欣, 等. Q460D 高强度结构钢材循环加载试验研究[J]. 土木工程学报, 2012, 45(7): 48-55.

[28] 陆建锋, 徐明, 王飞, 等. Q690GJ 高强度钢材单调和循环加载试验研究[J]. 钢结构, 2016, 31(2): 1-5.

[29] 王玲. 高强钢正反向加载力学性能测试与理论研究[D]. 西安: 西北工业大学, 2006.

[30] Shi G, Ban H Y, Shi Y J, et al. Recent research advances on the buckling behavior of high strength and ultra-high strength steel structures[C]//Proceedings of Shanghai International Conference on Technology of Architecture and Structure (ICTAS 2009) (Volume 1). Shanghai: Tongji University Press, 2009: 75-89.

[31] Langenberg P. Relation between design safety and Y/T ratio in application of welded high strength structural steels[C]//Proceedings of International Symposium on Applications of High Strength Steels in Modern Constructions and Bridges—Relationship of Design Specifications, Safety and Y/T Ratio. Beijing, 2008: 28-46.

[32] 赵建文. 建筑结构中使用高强度钢材的力学性能研究[J]. 低碳世界, 2016(20): 149-150.

[33] Benaarbia A, Xu X, Sun W, et al. Characterization of cyclic behavior, deformation mechanisms, and microstructural evolution of MarBN steels under high temperature conditions[J]. International Journal of Fatigue, 2020, 131: 105-270.

[34] Chen Y Y, Sun W, Chan T M. Cyclic stress-strain behavior of structural steel with yield-strength up to $460N/mm^2$[J]. Frontiers of Structural and Civil Engineering, 2014, 8(2).

[35] Hai L T, Sun F F, Zhao C, et al. Experimental cyclic behavior and constitutive modeling of high strength structural steels[J]. Construction and Building Materials, 2018, 189(11): 1264-1285.

[36] Jiang B H, Wang Z H, Wang M J, et al. Effects of loading mode on mechanical properties of high strength steel Q690 and their application in coupon test[J]. Construction and Building Materials. 2020, 253(8): 1-11.

[37] Ding F X, Zhang C, Yu Y J, et al. Hysteretic behavior of post fire structural steels under cyclic loading[J]. Journal of Constructional Steel Research, 2020, 167: 105847.

[38] Ma H B, Yang Y, He I, et al. Experimental study on mechanical properties of steel under extreme cyclic loading considering pitting damage[J]. Ocean Engineering. 2019, 186: 091-106.

[39] Ma H B, Yang Y, He I, et al. Experimental study on constitutive relation of the high performance marine structural steel under extreme cyclic loads[J]. Ocean Engineering. 2018, 168: 204-215.

[40] Wang J C, Shu G P, Xu X, et al. Study on mechanical properties of high strength sorbite stainless steel S600E under monotonic and cyclic loadings[J]. Structures, 2021, 34: 2665-2678.

[41] 班慧勇, 施刚, 石永久, 等. 高强度钢材轴心受压钢柱整体稳定性能的缺陷影响研究[J]. 工业建筑, 2012, 42(1): 37-45+50.

[42] 施刚, 朱希. 高强度结构钢材单调荷载作用下的本构模型研究[J]. 工程力学, 2017, 34(2): 50-59.

[43] Xi R, Xie J, Yan J B. Mechanical properties of Q690E/Q960E high-strength steels at low and ultra-low temperatures: Tests and full-range constitutive models[J]. Thin-Walled Structures, 2023, 185: 110579.

[44] Yang X Q, Yang H, Gardner L, et al. A continuous dynamic constitutive model for normal-and high-strength structural steels[J]. Journal of Constructional Steel Research, 2022, 192: 107254.

[45] Hu F, Shi G, Shi Y. Constitutive model for full-range elasto-plastic behavior of structural steels with yield plateau: Calibration and validation[J]. Engineering Structures, 2016, 118: 210-227.

[46]   Hu F, Shi G. Constitutive model for full-range cyclic behavior of high strength steels without yield plateau[J]. Construction and Building Materials, 2018, 162: 596-607.

[47]   Hu F, Shi G, Shi Y. Constitutive model for full-range elasto-plastic behavior of structural steels with yield plateau: Formulation and implementation[J]. Engineering Structures, 2018, 171: 1059-1070.

[48]   Hai L T, Wang Y B, Li G Q, et al. Numerical investigation on cyclic behavior of Q690 high strength steel beam-columns[J]. Journal of Constructional Steel Research, 2020, 167: 105814.

[49]   胡婉颖, 余玉洁, 田沛丰, 等. 高温后高强 Q690 钢材循环加载试验及本构模型研究[J]. 工程力学, 2022, 39(3): 84-95.

[50]   Hai L T, Wang Y Z, Ban H Y, et al. A simplified prediction method on Chaboche isotropic/kinematic hardening model parameters of structural steels[J]. Journal of Building Engineering, 2023, 68: 106151.

[51]   Wang Y B, Li G Q, Cui W, et al. Experimental investigation and modeling of cyclic behavior of high strength steel[J]. Journal of Constructional Steel Research, 2015, 104: 37-48.

[52]   Wang Y Z, Kanvinde A, Li G Q, et al. A new constitutive model for high strength structural steels[J]. Journal of Constructional Steel Research, 2021, 182: 106646.

第 3 章

高强度钢材焊接连接

本章对高强度钢材对接焊缝力学性能进行了研究，考察在低强和等强两种匹配形式下[1-3]，高强度钢焊缝连接的硬度、承载力、冲击韧性等指标，分析了低强和等强匹配形式下焊接接头热影响区、焊缝和母材各区域的力学性能变化[4-6]。

3.1 硬度试验

参照《焊接接头硬度试验方法》GB/T 2654—2008，在焊缝区域取样，试件砂纸打磨抛光后，用 5%硝酸酒精溶液腐蚀，保证组织清晰，利用 HV-700 型维氏硬度检测仪进行硬度试验，采用单点法测定，试验载荷为 10kg，保持时间为 15s，试验温度为 25℃。自焊缝中心向两侧布置测点，每个试件侧面布置两条标定线，测点间隔 0.8mm，自焊缝中央向两侧设 25 个测点，位置如图 3-1 所示。

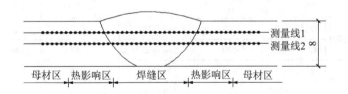

图 3-1　硬度测量示意

试件焊接方式为手工电弧焊，焊缝等级一级，采用 V 形坡口全熔透焊接，焊后将焊缝余高刨平。焊接工艺参数见表 3-1，焊条熔敷金属力学性能见表 3-2，钢板及焊条化学成分见表 3-3。表 3-4 为不同标准对屈服强度为 460MPa 及以上钢材的力学指标要求。

焊接工艺参数　　　　　　　　　　　　　　　　　　　　　　表 3-1

焊接方式	直径/mm	电流/A	电压/V	焊接速度/（cm/min）
手工电弧焊	4.0	150～180	22～26	15～25

焦条熔敷金属力学性能 表 3-2

焊条型号	抗拉强度 R_m/MPa	屈服强度 R_{eL}/MPa	断后伸长率 A/%	$-30℃$冲击功 A_{KV}/J
CHE507	≥ 490	≥ 400	≥ 20	≥ 27
CHE507RH	490~610	≥ 390	≥ 20	≥ 54
CHE557RH	540~660	≥ 400	≥ 20	≥ 27
CHE757Ni	≥ 740	≥ 640	≥ 13	≥ 27
CHE857Cr	≥ 830	≥ 740	≥ 12	≥ 27

钢板及焊条化学成分（质量分数，%） 表 3-3

化学成分	C	Mn	Si	P	S	Ni	Cr	Mo	V
CHE507	≤ 0.15	≤ 1.60	≤ 0.90	≤ 0.035	≤ 0.035	≤ 0.30	≤ 0.20	≤ 0.30	≤ 0.08
CHE507RH	≤ 0.10	≥ 1.0	≤ 0.60	≤ 0.025	≤ 0.015	0.35~0.80	0.40~0.65	0.40~0.65	—
CHE557RH	≤ 0.10	≤ 1.00	≤ 0.80	≤ 0.025	≤ 0.015	≤ 0.50	≤ 0.30	≤ 0.20	≤ 0.10
CHE757Ni	≤ 0.10	≥ 1.00	≤ 0.60	≤ 0.030	≤ 0.030	2.00~2.60	≤ 0.20	0.40~0.70	—
CHE857Cr	≤ 0.15	≥ 1.00	≤ 0.60	≤ 0.035	≤ 0.035	—	0.70~1.10	0.50~1.00	0.05~0.15
Q460D	0.08	1.09	0.15	0.011	0.002	0.50	0.55	0.08	0.075
Q690D	0.07	1.61	0.15	0.007	0.002	0.04	0.01	0.03	0.003

标准要求 表 3-4

各国标准	牌号	等级	屈服强度 f_y/MPa		抗拉强度 f_u/MPa	断后伸长率 A/%	试验温度	冲击功值/J
			≤ 16mm	> 16~40mm	≤ 40mm	≤ 40mm	T/℃	12~150mm
GB/T 1591—2008	Q460	C	≥ 460	≥ 440	550~720	≥ 17	0	≥ 34
		D					−20	
		E					−40	
	Q690	C	≥ 690	≥ 670	770~940	≥ 14	0	≥ 55
		D					−20	≥ 47
		E					−40	≥ 31
ISO 4950/3—1995	E460	D	460	440	570~720	≥ 17	−20	≥ 39
		E	460	440	570~720	≥ 17	−50	≥ 27
	E690	D	690	670	770~940	≥ 14	−20	≥ 39
		E	690	670	770~940	≥ 14	−50	≥ 27
EN 10149/2—1995	S460	MC	460	460	520~670	≥ 17	−40	≥ 40
	S650	MC	650	650	700~880	≥ 17	−40	≥ 40
	S700	MC	700	700	750~950	≥ 12	−40	≥ 40

3.1.1　Q460 钢材对接焊缝

试件采用武汉钢铁股份有限公司生产的 8mm 厚 Q460D 和 Q355B 轧制钢，焊条采用 CHE507、CHE507RH、CHE557RH 三种型号。试件由 A、B 两块钢板通过对接焊缝连接。设计了四组试件，试件 HSPL43、HSPE43 为 Q460D 与 Q355B 分别采用低强和等强匹配焊接，试件 HSPL44、HSPE44 为 Q460D 钢材采用低强和等强匹配焊接，分析试件焊缝区、热影响区和母材区三个区域的力学性能变化[7-8]。试件信息见表 3-5。

表 3-5

试件详情

试件	A 钢板	B 钢板	匹配形式	焊条	拉伸试验试件数量	硬度试验试件数量
HSPL43	Q460D	Q355B	低强匹配	CHE507	3	1
HSPE43	Q460D	Q355B	等强匹配	CHE557RH	3	1
HSPL44	Q460D	Q460D	低强匹配	CHE507RH	3	1
HSPE44	Q460D	Q460D	等强匹配	CHE557RH	3	1

试件各区域硬度分布如图 3-2 所示，由图可知：

（1）焊缝区范围为从焊缝中心向外约 5mm，热影响区范围为从焊缝中心向外 5～11mm。

（2）母材区和热影响区硬度变化相对比较稳定，采用不同等级焊条连接的焊缝区硬度变化较大。

（3）低强匹配时，试件 HSPL43 焊缝区和 Q355 母材区的硬度基本相等。等强匹配时，试件 HSPE44 焊缝区和母材区硬度基本相等。

（4）所有试件热影响区硬度较母材均有所下降，软化现象明显。

（5）对于 Q355 侧热影响区，试件 HSPE43 的硬度值比 HSPL43 低 1.7%；对于 Q460 侧热影响区，试件 HSPE43 的硬度比 HSPL43 提高 3.8%，而试件 HSPL44 和 HSPE44 的硬度值基本相等，不同焊条等级对热影响区的硬度影响较小。

（6）在焊缝区，试件 HSPE43 的硬度比 HSPL43 提高 10.7%，试件 HSPE44 的硬度比 HSPL44 提高 15.3%，说明不同焊条等级对焊缝区的硬度影响较大。

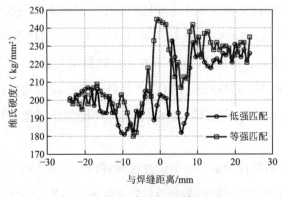

(a) HSPL43 与 HSPE43 对比

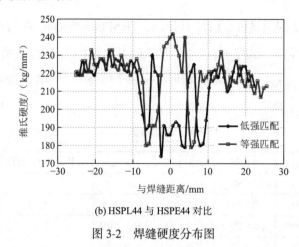

(b) HSPL44 与 HSPE44 对比

图 3-2   焊缝硬度分布图

3.1.2　Q690 钢材对接焊缝

试件采用武汉钢铁股份有限公司生产的 8mm 厚 Q690D 和 Q355B 轧制钢板，焊条采用大西洋焊条 CHE507、CHE757Ni、CHE857Cr 三种型号。试件由 A、B 两块钢板通过对接焊缝连接。设计了四组试件，试件 HSPL63、HSPE63 为 Q690D 与 Q355B 分别采用低强和等强匹配焊接，试件 HSPL66、HSPE66 为 Q690D 钢材采用低强和等强匹配焊接，分析试件焊缝区、热影响区和母材区三个区域的力学性能变化。试件详情见表 3-6。

试件详情   表 3-6

试件	A 钢板	B 钢板	匹配形式	焊条	拉伸试验试件数量	硬度试验试件数量
HSPL63	Q690D	Q355B	低强匹配	CHE507	3	1
HSPE63	Q690D	Q355B	等强匹配	CHE857Cr	3	1
HSPL66	Q690D	Q690D	低强匹配	CHE757Ni	3	1
HSPE66	Q690D	Q690D	等强匹配	CHE857Cr	3	1

试件硬度分布如图 3-3 所示，由图可知：

（1）母材区和焊缝区硬度变化相对比较稳定，热影响区硬度变化幅度较大。

（2）Q355 侧热影响区硬度比母材低 4.7%，Q690 侧热影响区硬度比母材低 12.7%，出现软化现象，焊接过程对 Q690 钢材的影响大于 Q355 钢材。

（3）试件 HSPL63 与 HSPE63 的 Q355 侧热影响区硬度基本相等，试件 HSPL66 与 HSPE66 的 Q690 侧热影响区硬度基本相等，不同焊条等级对热影响区的硬度影响微小。

（4）在焊缝区域试件 HSPE63 的硬度比 HSPL63 提高 53%，试件 HSPE66 的硬度比 HSPL66 提高 12%，不同焊条等级对焊缝区的硬度影响较大。

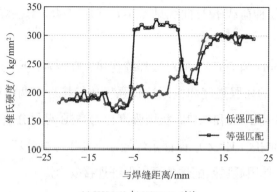

(a) HSPL63 与 HSPE63 对比

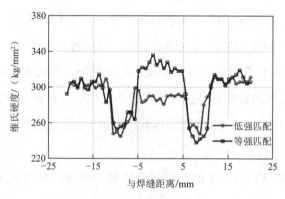

(b) HSPL66 与 HSPE66 对比

图 3-3　焊缝硬度分布图

3.2　静力拉伸试验

3.2.1　Q460 对接焊缝承载性能

　　静力拉伸试验参照《金属材料 拉伸试验 第 1 部分：室温试验方法》GB/T 228.1—2021 规定，在弹性阶段采用应力速率控制的加载方法，在屈服阶段和屈服阶段之后采用应变速率控制的加载方法。加载分为三个阶段，先预加载至 5kN，检查仪器和通道都正常后开始试验，弹性阶段加载速率为 0.72kN/s，屈服后加载速率为 0.035mm/s，直至试件断裂后结束。

　　静力拉伸与硬度试验所用试件为同批次试件。静力试件采用武汉钢铁股份有限公司生产的 8mm 厚 Q460D 和 Q355B 轧制钢，焊条采用 CHE507、CHE507RH、CHE557RH 三种型号，试件由 A、B 两块钢板通过对接焊缝连接。设计了四组试件，试件 TSPL43、TSPE43 为 Q460D 与 Q355B 分别采用低强和等强匹配焊接，试件 TSPL44、TSPE44 为 Q460D 钢材采用低强和等强匹配焊接。Q460 对接焊缝拉伸试验结果见表 3-7，拉伸荷载-位移曲线见图 3-4。通过 Q460 对接焊缝静力拉伸试验，可以得到如下结论：

（1）对于 Q460D 和 Q355B 的对接焊缝连接，在低强匹配与等强匹配下，试件 TSPL43、TSPE43 的屈服强度和极限抗拉强度比较接近。两组试件的屈服强度比 Q355B 母材分别提高 1.7% 和 5.1%，极限强度比 Q355B 母材分别提高 4.7% 和 6.5%，断裂位置均在热影响区（HAZ），保证了焊缝区不先于母材破坏。对于不同等级钢材的对接焊缝连接，选用低强匹配焊条可以保证连接安全。

（2）对采用等强匹配连接的 Q460D 钢材，试件 TSPE44 的极限强度和屈服强度比 TSPL44 分别提高 16%、26%。采用低强匹配，试件 TSPL43 的极限强度和屈服强度比母材分别降低 14%、24%。可见等强连接可达到母材极限强度，承载力基本没有降低，屈服强度比母材仅降低 3.9%。但试验数据的波动性较大，焊接不确定性较高。

（3）试件焊缝和热影响区经过焊接热循环强化后，材料变脆，焊接接头的延性下降，应变处于 10.4%～11.9% 范围即达到极限强度值，此后承载力迅速下降并发生断裂破坏。

（4）对 Q460D 和 Q355B 的对接焊缝连接，两种匹配方式下的极限荷载基本相等，破坏位置均在热影响区，连接接头强度可以保证。对 Q460D 钢材对接焊缝，等强匹配焊接的破坏位置在热影响区，低强匹配均在焊缝处拉断，且等强匹配连接的极限荷载和位移均大于低强匹配，表明等强匹配焊接可以提供足够的变形能力，连接强度有保证；低强匹配焊接熔敷金属区的强度偏低，应特别关注连接的强度。

Q460 对接焊缝拉伸试验结果　　　　　　　　　　表 3-7

试件	试件编号	截面面积/mm²	极限荷载/kN	极限强度/MPa	0.2%塑性延伸强度/MPa	极限强度对应应变/%	破坏位置	破坏形式
TSPL43	1	104.1	53.2	510.8	383.6	8.2	Q355 侧 HAZ	延性
	2	102.0	53.2	520.9	381.7	9.9	Q355 侧 HAZ	延性
	3	102.9	54.6	530.7	372.2	14.1	Q355 侧 HAZ	延性
	平均	103.0	53.7	520.8	379.2	10.7	Q355 侧 HAZ	延性
TSPE43	1	100.4	52.8	525.7	387.8	11.4	Q355 侧 HAZ	延性
	2	97.8	51.7	528.7	399.8	12.4	焊缝区	延性
	3	90.8	48.6	534.7	387.7	12.1	Q355 侧 HAZ	延性
	平均	96.3	51.0	529.7	391.8	12.0	—	延性
TSPL44	1	109.1	55.2	505.4	383.5	10.3	焊缝区	脆性
	2	110.9	55.8	502.3	393.3	9.4	焊缝区	脆性

试件	试件 编号	截面面积/mm²	极限荷载/kN	极限强度/MPa	0.2%塑性延伸 强度/MPa	极限强度 对应应变/%	破坏位置	破坏 形式
TSPL44	3	104.9	54.5	519.2	378.7	11.6	焊缝区	脆性
	平均	108.3	55.2	509.0	385.2	10.4	焊缝区	脆性
TSPE44	1	87.3	57.4	657.6	552.2	12.6	HAZ	延性
	2	96.1	51.0	530.8	447.6	9.8	HAZ	延性
	3	96.6	56.3	582.6	456.3	9.2	HAZ	延性
	平均	93.3	54.9	590.3	485.4	10.5	HAZ	延性

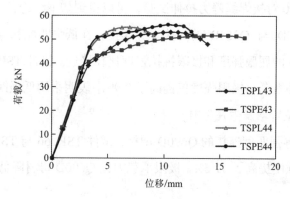

图 3-4　荷载-位移曲线

3.2.2　Q460 对接焊缝破坏形式

试件破坏形貌如图 3-5 所示。焊接过程对热影响区的材料性能影响较大，热影响区材料强度均低于母材及焊缝区，成为主要断裂部位。试件 HSPL44 采用 CHE507RH 焊条低强匹配连接，焊缝区材料熔敷金属力学性能低于母材，3 个试件均在焊缝处断裂，极限荷载比母材降低约 14%。可见采用低强匹配，焊接接头变形能力虽有改善，但承载力偏低。

试件 HSPL44 沿 45°斜截面破坏，断口平直，断面呈晶粒状，在单向拉伸荷载下试件变形较小，延性较差。其他试件有明显的颈缩现象，断面呈纤维状，试件边缘有剪切唇，在单向拉伸荷载下试件变形较大，延性较好。

(a) 断口 1

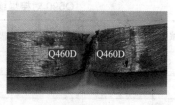

(b) 断口 2

图 3-5　试件破坏形貌

3.2.3 Q690 对接焊缝承载性能

试件采用武汉钢铁股份有限公司生产的 8mm 厚 Q690D 和 Q355B 轧制钢板，焊条采用大西洋焊条 CHE507、CHE757Ni、CHE857Cr 三种型号。试件由 A、B 两块钢板通过对接焊缝连接。设计了四组试件，试件 TSPL63、TSPE63 为 Q690D 与 Q355B 分别采用低强和等强匹配焊接，试件 TSPL66、TSPE66 为 Q690D 钢材采用低强和等强匹配焊接。Q690 对接焊缝静力拉伸试验结果见表 3-8，拉伸荷载-位移曲线见图 3-6。通过 Q690 对接焊缝静力拉伸试验，可以得到如下结论：

（1）对 Q690D 与 Q355B 的对接焊缝连接，在低强匹配和等强匹配下，试件 TSPL63、TSPE63 的屈服强度和极限抗拉强度比较接近。试件 TSPL63 与 Q355B 钢材的屈服强度基本相等，极限强度仅提高了 2.9%。表明采用低强匹配能保证焊缝连接的强度，断裂位置均发生在母材。

（2）对采用等强匹配连接的 Q690D 钢材，试件 TSPL66 与 TSPE66 的屈服强度基本相等，极限强度提高了 11.6%。极限承载力比 Q690D 母材降低 9.7%，破坏位置在热影响区。

（3）对不同钢材的焊缝连接，低强和等强两种匹配下的屈服强度和极限抗拉强度比较接近，断裂位置集中在热影响区和母材区，表明采用低强匹配能保证焊接连接强度。

（4）对 Q690D 同种钢材焊接连接，等强匹配的极限强度和屈服强度比低强匹配分别提高 14%、3%。低强匹配下的极限强度较母材降低约 14%～21%。等强匹配下破坏位置在热影响区，说明焊接过程对 Q690 钢材热影响区有一定削弱。

（5）对不同强度等级钢材的焊接，低强和等强匹配下的延性相差不大，有较好的变形能力，承载力基本相等，选用低强匹配焊条较为合理。对同种钢材焊接，低强匹配下试件的伸长率和承载力小于等强匹配，且变形能力较差。焊接试件应变在 4.9%～11.9%范围即达到极限强度值，焊接试件的变形能力低于母材。

Q690 对接焊缝拉伸试验结果   表 3-8

试件	试件编号	截面面积/mm²	极限荷载/kN	极限强度/MPa	0.2%塑性延伸强度/MPa	极限强度对应位移/mm	破坏位置
TSPL63	1	75.2	39.9	529.9	381.4	11.1	母材区
	2	73.9	38.1	515.9	384.1	10.2	母材区
	3	70.4	37.2	529.1	373.7	10.5	Q355 侧 HAZ
	平均	73.2	38.4	525.0	379.7	10.6	—

续表

试件	试件编号	截面面积/mm²	极限荷载/kN	极限强度/MPa	0.2%塑性延伸强度/MPa	极限强度对应位移/mm	破坏位置
TSPE63	1	75.4	37.8	523.2	388.8	12.5	母材区
	2	74.8	37.6	502.8	389.1	11.8	母材区
	3	70.6	37.6	532.4	395.6	11.4	母材区
	平均	73.6	37.7	519.5	391.2	11.9	母材区
TSPL66	1	79.5	50.2	630.5	564.3	4.5	焊缝区
	2	80.6	50.6	627.8	570.1	4.5	焊缝区
	3	81.8	58.8	718.7	553.7	5.6	焊缝区
	平均	80.6	53.2	659.0	562.7	4.9	焊缝区
TSPE66	1	79.5	61.0	767.0	627.4	6.2	热影响区
	2	80.1	60.2	751.9	577.1	6.4	热影响区
	3	80.3	59.0	735.4	533.7	6.5	热影响区
	平均	80.0	60.1	751.4	579.4	6.4	热影响区

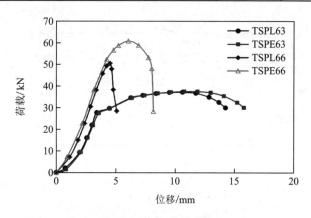

图 3-6　荷载-位移曲线

3.2.4　Q690 对接焊缝破坏形式

试件破坏形貌如图 3-7 所示。试件 TSPL63 和 TSPE63 在低强匹配和等强匹配下，断裂位置均在 Q355 母材区，可以看出明显的颈缩现象。试件 TSPL63 和 TSPE63 断口呈纤维状，试件边缘有剪切唇，延性较好。试件 TSPL66 焊缝区材料熔敷金属力学性能值低于母材，均在焊缝处断裂，极限荷载比母材降低约 21%。试件 TSPE66 断裂位置在热影响区，极限荷载比母材降低约 9%，没有明显颈缩。试件 TSPL66 和 TSPE66 沿 45°斜截面破坏，断口平直，断面呈晶粒状，在单向拉伸荷载下颈缩现象不明显，延性较差。

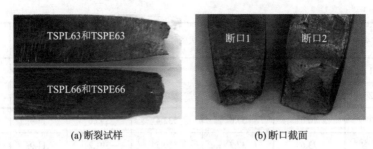

(a) 断裂试样	(b) 断口截面

图 3-7 试件破坏形貌

3.3 冲击韧性试验

依据《金属材料焊缝破坏性试验 冲击试验》GB/T 2650—2022 进行冲击试验，钢材材性、焊接工艺和坡口形式均同拉伸试验。缺口位置分别为焊缝中部、热影响区，V 形缺口垂直于板厚方向，试样尺寸为 5mm×10mm×55mm，V 形缺口示意图如图 3-8 所示，加工形状及精度要求如图 3-9 所示。

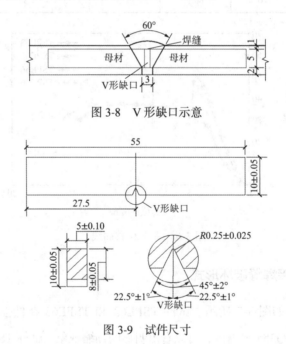

图 3-8 V 形缺口示意

图 3-9 试件尺寸

试验温度分别为 20℃、0℃、−20℃、−40℃、−60℃，匹配形式为等强和低强两种，对焊缝区和热影响区分别进行冲击试验[8]。其中 ISPLW460、ISPLH460 分别表示低强匹配下 Q460 钢材的焊缝区以及热影响区试件，ISPLW690、ISPLH690 分别表示低强匹配下 Q690 钢材的焊缝区以及热影响区试件；ISPEW460、ISPEH460 分别表示等强匹配下钢材 Q460 焊缝区与热影响区试件，ISPEW690、ISPEH690 分别表示等强匹配下钢材 Q690 焊缝区与热影响区试件。在每个温度工况，焊缝区和热影响区各取 3 个试件，共 60 个试件，详见表 3-9。

冲击试件详情　　表 3-9

试件	钢板	匹配形式	焊条	冲击位置	试件数量	温度工况/℃
ISPLW460 ISPLW690	Q460D （Q690D）	低强匹配	CHE507RH （CHE757Ni）	焊缝区	15	
ISPLH460 ISPLH690	Q460D （Q690D）	低强匹配	CHE507RH （CHE757Ni）	热影响区	15	20 0 −20 −40 −60
ISPEW460 ISPEW690	Q460D （Q690D）	等强匹配	CHE557RH （CHE857Cr）	焊缝区	15	
ISPEH460 ISPEH690	Q460D （Q690D）	等强匹配	CHE557RH （CHE857Cr）	热影响区	15	

3.3.1　冲击功-温度关系

Q460 试件冲击功随温度变化的曲线见图 3-10，由图可知：（1）焊缝区和热影响区冲击功均随温度降低而逐渐减小，韧性变差，在等强和低强两种匹配条件下，热影响区 A_{KV} 均大于焊缝区。（2）热影响区 A_{KV} 在−40℃到 0℃区间降低幅度平缓，在−60℃到−40℃区间发生明显突降。焊缝区 A_{KV} 在−40℃到 0℃区间降低幅度较大，韧性显著降低，韧脆转变温度在−40℃到 0℃之间，热影响区吸收能量的能力较焊缝区更强。（3）焊缝区和热影响区在低强匹配连接下的冲击功均大于等强匹配，表明连接接头采用低强匹配可提供良好的吸收能量的能力，冲击功可提高约 2%～25%。

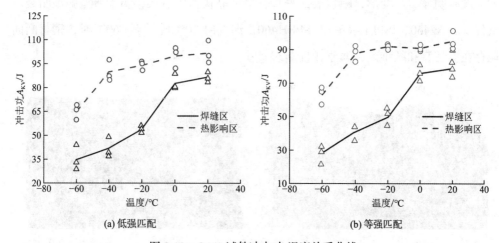

图 3-10　Q460 试件冲击功-温度关系曲线

Q690 试件冲击功随温度变化的曲线见图 3-11，由图可知：（1）焊缝区和热影响区冲击功均随温度降低而逐渐减小，韧性变差，在等强和低强两种匹配条件下，热影响区 A_{KV} 均大于焊缝区，说明热影响区吸收能量的能力较焊缝区更强。（2）热影响区 A_{KV} 在−20℃到 20℃区间降低幅度平缓，在−40℃到 20℃区间发生明显突降，韧脆转变温度在−40℃到 20℃之间。焊缝区 A_{KV} 在−20℃到 0℃区间降低幅度较大，韧性显著降低，韧脆转变温度在−20℃到 0℃之间。

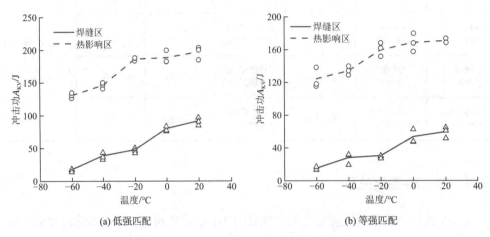

(a) 低强匹配　　　　　　　　　　　(b) 等强匹配

图 3-11　Q690 试件冲击功-温度关系曲线

3.3.2　断口形貌分析

Q460 试件的断口形貌如图 3-12 所示。由图 3-12 可知，温度由 20℃降低至−60℃，试件断口剪切唇和纤维区逐渐减少甚至消失，被放射区所取代。试件 ISPEW460 在−60℃温度下的 Q460D 钢材断面几乎没有剪切唇，脆性断裂区面积较大，没有明显塑性变形，断口表面平直，呈结晶状和放射状，属于典型脆性断裂。试件 ISPLW460、ISPLH460 和 ISPEH460，温度由 20℃降低至−60℃时，钢材断面均存在剪切唇和纤维区，属于韧性断裂。

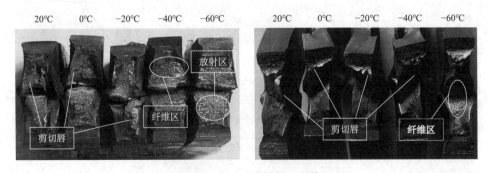

图 3-12　Q460 试件断口形貌

Q690 试件的断口形貌如图 3-13 所示。由图 3-13 可知，Q690 试件热影响区温度由20℃降低至−40℃,断面存在剪切唇和纤维区,在−60℃时由于温度较低,断口呈现撕裂状条棱,表面粗糙不平整,属于韧性断裂。焊缝区试件温度由 20℃降低至−60℃,断口剪切唇和纤维区逐渐减少甚至消失,被放射区所取代。在−40℃和−60℃时,断面几乎没有剪切唇,脆性断裂区面积较大,断口表面平直,呈结晶状和放射状,属于脆性断裂。

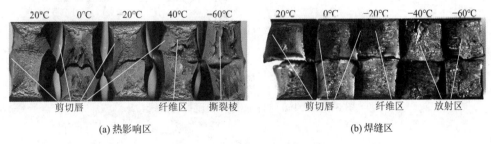

图 3-13　Q690 试件断口形貌

3.3.3　韧脆转变温度

韧脆转变温度是衡量材料低温脆性的重要指标,冲击功与温度关系曲线总体呈S 形。采用 Boltzmann 函数[9-10]对冲击功随温度变化关系进行回归分析。

$$A_{KV} = \frac{A_1 - A_2}{1 + e^{(T-x_0)/\Delta x}} + A_2 \tag{3-1}$$

式中: A_{KV} 为冲击功; T 为温度; A_1 为下平台能; A_2 为上平台能; x_0 为韧脆转变温度; Δx 为转变温度区的范围。

Q460、Q690 试件的冲击功-温度拟合曲线见图 3-14、图 3-15。由图 3-14、图 3-15 可知:(1)焊缝区采用低强匹配时,上、下平台能均高于等强匹配,韧脆转变温度与等强匹配基本相等,表现出更好的冲击韧性;等强匹配的转换温度区范围较小,更易发生韧脆转变。(2)热影响区采用低强匹配时,上、下平台能均高于等强匹配,韧脆转变温度略低于等强匹配,说明等强匹配连接对低温较敏感,低强匹配表现出更好的冲击韧性;等强匹配的转换温度区范围较大,表明其低温冷脆现象明显。(3)与热影响区相比,焊缝区吸收能量的能力较差,为主要断裂部位。(4)Q460试件焊缝区低强和等强的韧脆转变温度为−15.15℃、−18.19℃,Q690 试件焊缝区低强和等强的韧脆转变温度为−12.26℃、−12.25℃。(5)Q460 试件热影响区低强和等强的脆转变温度均在−40℃以下,Q690 试件热影响区低强和等强的韧脆转变温度为−33.10℃、−30.28℃。Q690 试件热影响区高强度钢较 Q460 试件低温敏感。

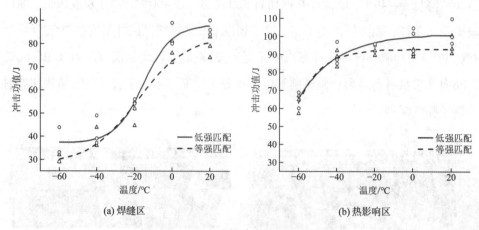

(a) 焊缝区   (b) 热影响区

图 3-14　Q460 试件冲击功-温度拟合曲线

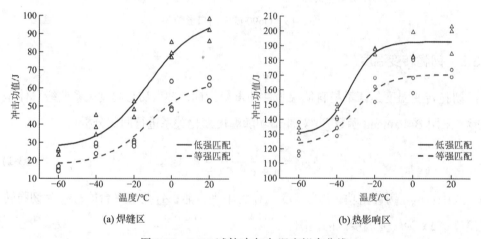

(a) 焊缝区   (b) 热影响区

图 3-15　Q690 试件冲击功-温度拟合曲线

参 考 文 献

[1]　Kolstein M, Bijlaard F, Dijkstra O. Deformation capacity of welded joints using very high strength steel[C]//Proceedings of the Fifth International Conference on Advances in Steel Structures. Singapore: Department of Civil Engineering of National University of Singapore, 2007: 514-546.

[2]　Rodrigues D M, Menezes L F, Loureiro A, et al. Numerical study of the plastic behaviour in tension of welds in high strength steels[J]. International journal of plasticity, 2004, 20(1): 1-18.

[3]　Rodrigues D M, Menezes L F, Loureiro A. The influence of the HAZ softening on the mechanical behaviour of welded joints containing cracks in the weld metal[J]. Engineering fracture mechanics, 2004, 71(13): 2053-2064.

[4]　Iwankiw N R. Rational Basis for Increased Fillet Weld Strength[J]. Engineering Journal, American

Institue of Steel Construction, 1997, 34(2): 68-71.

[5]　Vojvodic Tuma J, Sedmak A. Analysis of the unstable fracture behavior of a high strength low alloy steel weldment[J]. Engineering fracture mechanics, 2004, 71(9): 1435-1451.

[6]　Zrilic M, Grabulov V, Burzic Z, et al. Static and impact crack properties of a high-strength steel welded joint[J]. International journal of Pressure Vessels and piping, 2007, 84(3): 139-150.

[7]　郭宏超, 郝李鹏, 李炎隆, 等. 高强度钢材对接焊缝拉伸性能试验研究[J]. 应用力学学报, 2018, 35(1): 172-177.

[8]　郝李鹏. 高强度钢材焊缝连接接头静力和疲劳性能试验研究[D]. 西安: 西安理工大学, 2017.

[9]　王元清, 刘希月, 石永久. 960MPa 高强度钢材及其焊缝低温冲击韧性试验研究[J]. 建筑材料学报, 2014, 17(5): 915-919.

[10]　王元清, 林云, 张延年, 等. 高强度结构钢材 Q460-C 低温冲击韧性试验研究[J]. 工业建筑, 2012, 42(1): 8-12.

第 4 章

高强度钢材螺栓连接

本章对 Q460 与 Q690 高强度钢螺栓连接试件进行了试验及数值模拟，研究了螺栓布置方式和间距对连接接头承载性能的影响，分析了试件的应力分布状态、破坏模式、荷载-位移曲线与极限承载力，并与《钢结构设计标准》GB 50017—2017[1]、EC 3 规范[2]、ANSI 规范[3]理论计算值进行对比，讨论了规范的适用性，提出了适用于高强度钢材螺栓连接的构造建议，为高强度钢材螺栓连接的设计理论提供依据。

4.1 Q460D 螺栓连接

试验设计了两组高强度钢材螺栓抗剪连接试件[4-6]，板件间通过高强度螺栓连接，如图 4-1 所示。为考虑螺栓布置方式对连接承载性能的影响，A 组螺栓横向布置，B 组纵向布置，试验钢板均采用 8mm 厚 Q460D 钢材，高强度螺栓为 10.9 级 M20，孔径 22mm。采用扭矩扳手对高强度螺栓施加预拉力，沿中间向两端顺序逐个拧紧螺栓。连接主要参数有：螺栓端距 e_1、边距 e_2、间距 p_2，其中 $e_1 \geqslant 2.0d_0$，$e_2 \geqslant 1.5d_0$，$p_2 \geqslant 3.0d_0$，d_0 为螺栓孔径。试件详细尺寸见表 4-1。采用 50t MTS 试验机进行静力拉伸试验，试件两端固定在 MTS 液压夹具上，竖向荷载由 MTS 作动器提供，如图 4-2 所示。试验前，先预加载至 5kN 后卸载至零，检查各仪表和加载装置正常工作后正式开始，加载速率为 1kN/s。

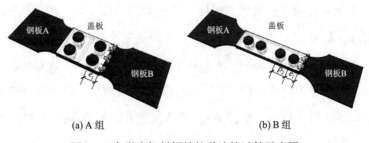

(a) A 组   (b) B 组

图 4-1 高强度钢材螺栓抗剪连接试件示意图

高强度钢材螺栓抗剪连接试件几何尺寸　　　　　　　　表 4-1

试件编号	螺栓属性	钢材等级	$t/$ mm	$e_1/$ mm	$e_2/$ mm	$p_2/$ mm	试件编号	螺栓属性	钢材等级	$t/$ mm	$e_1/$ mm	$e_2/$ mm	$p_2/$ mm
A-Q460-1	10.9，M20	Q460D	8	44	33	77	B-Q460-1	10.9，M20	Q460D	8	44	33	77
A-Q460-2	10.9，M20	Q460D	8	44	33	66	B-Q460-2	10.9，M20	Q460D	8	44	33	66
A-Q460-3	10.9，M20	Q460D	8	44	33	55	B-Q460-3	10.9，M20	Q460D	8	44	33	55
A-Q460-4	10.9，M20	Q460D	8	44	33	44	B-Q460-4	10.9，M20	Q460D	8	44	33	44
A-Q460-5	10.9，M20	Q460D	8	44	44	66	B-Q460-5	10.9，M20	Q460D	8	44	44	66
A-Q460-6	10.9，M20	Q460D	8	44	26.4	66	B-Q460-6	10.9，M20	Q460D	8	44	26.4	66
A-Q460-7	10.9，M20	Q460D	8	44	22	66	B-Q460-7	10.9，M20	Q460D	8	44	22	66
A-Q460-8	10.9，M20	Q460D	8	55	33	66	B-Q460-8	10.9，M20	Q460D	8	55	33	66
A-Q460-9	10.9，M20	Q460D	8	33	33	66	B-Q460-9	10.9，M20	Q460D	8	33	33	66
A-Q460-10	10.9，M20	Q460D	8	22	33	66	B-Q460-10	10.9，M20	Q460D	8	22	33	66

图 4-2　试验装置

4.1.1　试验现象

A 组试件的破坏模式如图 4-3（a）～（c）所示。试验发现，当 $(p_2 + 2e_2)/d_0 \geqslant$ 6，$e_1/d_0 \geqslant 1.5$ 时，试件 A-Q460-1、A-Q460-2、A-Q460-5、A-Q460-8、A-Q460-9 发生图 4-3（a）所示孔前挤推破坏，连接板受到螺杆的挤压力，在孔洞附近产生挤推变形；如果 $e_1/d_0 < 1.5$，孔前挤推破坏随端距的减小逐渐向端部撕裂发展，试件 A-Q460-8、A-Q460-2、A-Q460-9、A-Q460-10 端距递减，试件 A-Q460-10 在螺栓孔与自由端边缘沿 45°方向产生斜裂纹，发生端部撕裂破坏，破坏时孔前有明显的塑性变形，如图 4-3（b）所示。试件 A-Q460-7 发生孔前挤推和横向撕裂的混合破坏，如图 4-3（c）所示，此时 $(p_2 + 2e_2)/d_0 < 6$，$e_1/d_0 \geqslant 1.5$，$2e_2/p_2 = 2/3$，当边距较小

时，裂纹最初由横向拉应力产生，在孔边发生横向撕裂，最大主应力沿孔边和孔前分布。$(p_2 + 2e_2)/d_0 < 6$，$e_1/d_0 \geqslant 1.5$ 时，试件 A-Q460-3、A-Q460-4、A-Q460-6 发生钢板净截面破坏，破坏时孔前塑性变形较小，延性较差。

B 组试件的破坏模式如图 4-3（d）所示。B 组试件螺栓沿纵向布置，截面有效宽度均小于 A 组试件，靠近加载端的端部螺栓受力较大，在栓孔附近发生明显颈缩现象，破坏时孔前塑形变形较小，均为净截面破坏。

螺栓间距由 $3.5d_0$ 减小到 $2d_0$，破坏模式由孔前挤推变为净截面破坏。螺栓边距由 $2d_0$ 减小至 $1.2d_0$，破坏模式由孔前挤推变为净截面破坏；减小为 d_0 时发生混合破坏。螺栓端距由 $2.5d_0$ 减小至 d_0，破坏模式由孔前挤推向端部撕裂发展。

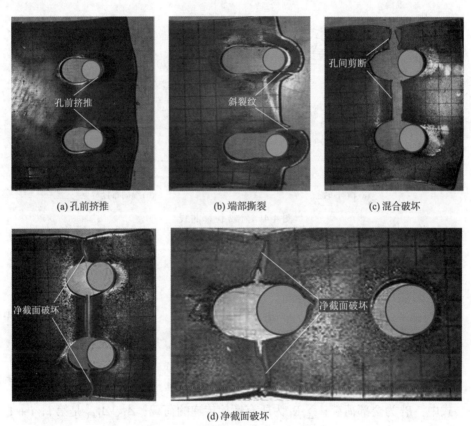

(a) 孔前挤推　　　　　(b) 端部撕裂　　　　　(c) 混合破坏

(d) 净截面破坏

图 4-3　试件破坏模式

4.1.2　荷载-位移曲线

试验所得各试件的荷载-位移曲线如图 4-4 所示。由图 4-4（a）可知，在加载初期，A 组试件主要由钢板接触面间的摩擦力传递水平荷载，曲线呈线性增长，斜率基本一致。随着荷载逐渐增大，试件出现水平滑移，螺栓与孔壁紧密接触，板件产生挤压力，曲线斜率放缓，后期主要依靠钢板承压和螺栓受剪共同承担水平荷载，此时荷载增长幅度较为缓慢，而水平位移增长幅度明显增加。在达到峰值荷载以后，试件承载力不再增加，而水平位移急剧增大，曲线出现较长平行段，最后由于变形过大，丧失承载能力。试件均经历了摩擦、滑移、承压和破坏四个阶段，最大滑移量不超过 2mm；在变形值为 $d_0/6$ 时，各试件均已屈服，屈服平台较长，连接接头表现出良好的延性。

B 组试件荷载位移曲线规律与 A 组基本一致，由于螺栓布置形式的影响，水平滑移量略大于 A 组试件；由于净截面积较小，极限承载力在 150～250kN 之间，破坏形式大多为净截面破坏。螺栓横向布置试件的极限承载力明显大于纵向。

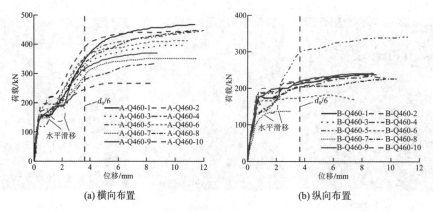

(a) 横向布置　　　　　　　　　　(b) 纵向布置

图 4-4　荷载-位移曲线

根据力平衡和变形协调条件建立方程。

力平衡条件：

$$P_{\mathrm{G}} - \sum_{i=1}^{n} R_i = 0 \qquad (4\text{-}1)$$

变形协调条件：

$$\Delta_i + e'_{i,i+1} = \Delta_{i+1} + e_{i,i+1} \qquad (4\text{-}2)$$

式中：P_{G} 为全部荷载；$\sum\limits_{i=1}^{n} R_i$ 为所有螺栓传递的荷载；Δ_i、Δ_{i+1} 是第 i、$i+1$ 个螺栓的变形；$e_{i,i+1}$、$e'_{i,i+1}$ 分别是连接板、盖板的变形。由上式可知，螺栓连接接头的承载力和变形可通过连接板、盖板和螺栓的荷载变形关系求出。

在弹性阶段，孔间的平均变形可表示为：

$$\varepsilon = \frac{e}{p_2} = \frac{P}{AE} \qquad (4\text{-}3)$$

式中：e 为相邻孔中心间的拉长量。对连接板，P 为单行距连接板承担的荷载；

对盖板，P 为单行距盖板承担的荷载。A 为毛截面积。

钢板的最小截面达到屈服后，应力应变关系可表示为：

$$\sigma = f_{\text{u}} + (f_{\text{u}} - f_{\text{y}})\left\{1 - \exp\left[-(f_{\text{u}} - f_{\text{y}})^{\left(\frac{g}{g-d_0}\right)\left(\frac{e}{p_2}\right)}\right]\right\}^{\frac{3}{2}} \tag{4-4}$$

式中：g 为螺栓行距；e 为自然对数的底。

以 A、B 组标准试件 2 为例，连接板弹性阶段的变形：$e_1 = \dfrac{P}{2019.44}$；连接板屈服后的变形，$e_1 = 0.088 + \left[-0.505\ln\left(1 - \dfrac{P - 177.714}{30.659}\right)^{\frac{2}{3}}\right]$。盖板和螺栓只有弹性阶段的变形，因此，对于盖板，$e_2 = \dfrac{P}{4038.88}$，螺栓为 $e_3 = \dfrac{P}{1680}$。连接板孔中心与盖板孔中心的总变形量为 H，$H = e_1 + e_2 + e_3$。试验与理论分析结果如图 4-5 所示。由图 4-5 可知，试验曲线与理论分析曲线变化规律基本一致，理论计算的初始滑移荷载与试验值相差不足 4%，试件 B-Q460-2 的极限承载力比理论值提高 14.87%，试件 A-Q460-2 仅提高了 7.97%。

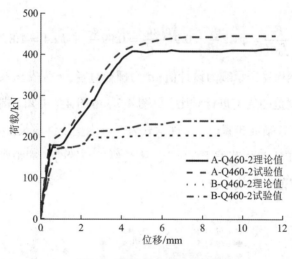

图 4-5　试验值与理论值比较

4.1.3　影响参数分析

1. 螺栓端距

螺栓端距对试件承载力的影响见图 4-6。螺栓横向布置时，试件承载力随端距的增大而增大，端距由 $2.5d_0$ 减小到 $2.0d_0$、$1.5d_0$、$1.0d_0$ 时，极限承载力分别降低了 4.47%、19.52% 和 35.71%，当 $e_1 > 2d_0$ 时，极限承载力的提高幅度相对较小。螺栓纵向布置时，试件的承载力随端距的变化较小，承载力变化幅度不超过 3%，说明端距对螺栓纵向布置的影响相对较小[7]。

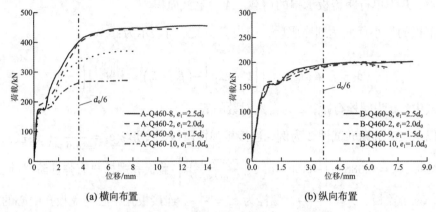

(a) 横向布置　　　　　　　　　(b) 纵向布置

图 4-6　端距影响

EC 3 规范中，当 $e_1 < 3d_0$ 时：

$$\frac{F_b}{f_u dt} = 0.8 \frac{e_1}{3d_0}\left(2.8 \frac{e_2}{d_0} - 1.7\right) \tag{4-5}$$

ANSI 规范中：

$$\frac{F_b}{f_u dt} = \phi 1.2 \frac{e_1}{d} = 0.9 \frac{e_1}{d_0}\frac{d_0}{d} = 0.99 \frac{e_1}{d_0} \leqslant \phi 2.4 = 1.8 \tag{4-6}$$

式中：F_b 为钢板受压承载力设计值；d 为螺栓直径；ϕ 为安全系数，取 $\phi = 0.75$。

对以上两部规范的规定进行对比，见图 4-7。由图 4-7 可知，端距对承载力的影响和边距相关，螺栓横向布置时，试件承载力与端距呈线性增长，ANSI 规范拟合趋势比较接近，而 EC 3 规范偏于保守[8]。螺栓纵向布置时，端距对承载力几乎无影响，此时 EC 3 规范拟合效果较好。

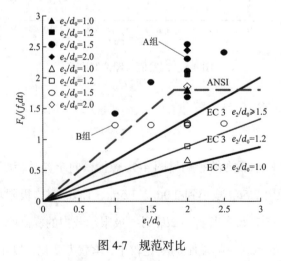

图 4-7　规范对比

为防止连接件发生端部撕裂破坏，根据钢板受剪承载力大于螺栓杆传递荷载来确定端距取值。单个螺栓传递的荷载：

$$P_1 = \frac{P}{2} = f_c dt \tag{4-7}$$

钢板端部抗剪强度：

$$P_2 = 2t\left(e_1 - \frac{d_0}{2}\right)f_v \tag{4-8}$$

式中：f_v 为钢板抗剪强度，取为抗拉强度的 $1/\sqrt{3}$；f_c 为孔壁承压应力。

令 $P_1 \leqslant P_2$，由于 d 与 d_0 比较接近，为简化计算，近似认为相等，则有：

$$\frac{f_c}{f_u} \leqslant 1.155\frac{e_1}{d_0} - 0.577 \tag{4-9}$$

试验得出的 f_c/f_u 值为 1.67，得到 $e_1/d_0 \geqslant 1.94$。因此，对 Q460D 螺栓接头，端距建议取值为 $2d_0$。端距与承压强度的关系曲线如图 4-8 所示。对 Q460D 螺栓连接公式进行修正，拟合公式：

$$\frac{f_c}{f_u} \leqslant 1.058\frac{e_1}{d_0} + 0.383 \tag{4-10}$$

孔壁承压强度设计值考虑 0.7 的安全系数 ϕ，可得：

$$f_c^b \leqslant \phi f_c = \phi\left(1.058\frac{e_1}{d_0} + 0.383\right)f_u \tag{4-11}$$

将端距建议值 $2d_0$ 代入得：$f_c^b = 1.7f_u$。因此，对 Q460D 螺栓接头的孔壁承压强度设计值，建议取值为 $1.7f_u$，相对普通钢材螺栓连接孔壁承压强度设计值 $1.26f_u$ 有提高，说明试件破坏时高强度钢材能显著增加钢材强度利用率，接头设计时完全沿用普通钢材的连接设计方法，会导致计算结果偏低。

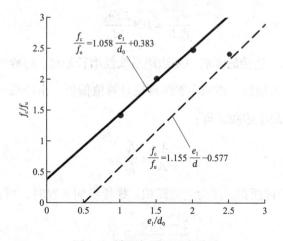

图 4-8　端距与承压强度关系

2. 螺栓边距

螺栓边距对试件承载力的影响如图 4-9 所示，由图可知：螺栓横向布置时，边距由 $2.0d_0$ 减小为 $1.5d_0$、$1.2d_0$ 和 $1.0d_0$ 时，极限承载力分别降低了 5.86%、12.34% 和 13.89%，相应变形能力分别降低了 60.11%、17.17%和27.68%。螺栓纵向布置时，边距由 $2.0d_0$ 减小为 $1.5d_0$、$1.2d_0$ 和 $1.0d_0$ 时，极限承载力分别降低了 44.18%、39.22%、31.98%，下降幅度均较大。试件 B-Q460-7 由于边距过小，进入滑移阶段便很快破坏，说明边距对承载力影响较大。

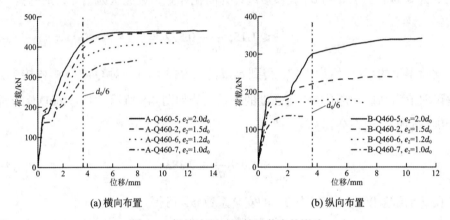

(a) 横向布置   (b) 纵向布置

图 4-9　螺栓边距对试件承载力的影响

EC 3 规范能反映边距对承载性能的影响，见图 4-10。

当 $e_2 < 1.5d_0$ 时：

$$\frac{F_b}{f_u dt} = 0.8 \frac{e_1}{3d_0}\left(2.8\frac{e_2}{d_0} - 1.7\right) \tag{4-12}$$

当 $e_2 \geqslant 1.5d_0$ 时：

$$\frac{F_b}{f_u dt} = 0.8 \frac{2.5e_1}{3d_0} \tag{4-13}$$

由图 4-10 可知，连接的承载力随边距呈线性增长趋势，螺栓纵向布置的试验结果和理论计算值较为接近，横向布置的理论计算值偏低。由净截面破坏发生在毛截面屈服以后来确定最小边距，即：

$$\frac{A_n}{A} \geqslant \frac{f_y}{f_u} \tag{4-14}$$

式中：A_n 为净截面积；A 为毛截面积。螺栓纵向布置时，可表示为：

$$\frac{2 - d_0/e_2}{2} \geqslant \frac{f_y}{f_u} \tag{4-15}$$

由式(4-15)可知，边距与屈服强度 f_y、抗拉强度 f_u 及螺栓孔径 d_0 有关，且屈强比越大，边距越大。由于本试验 Q460D 钢材的屈强比为 0.85，得到 $e_2/d_0 \geqslant 2$，与试验结果较吻合，因此建议边距取值为 $2d_0$。

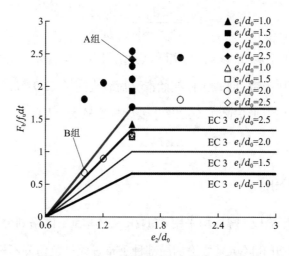

图 4-10　EC 3 规范中边距与承载力的关系

3. 螺栓间距

螺栓间距对试件承载力的影响见图 4-11。由图 4-11 可知：螺栓横向布置时，随着螺栓间距的减小，试件的极限承载力降低，曲线的变化趋势比较接近。螺栓间距由 $3.5d_0$ 减小到 $3.0d_0$、$2.5d_0$、$2.0d_0$ 时，极限承载力分别降低了 10.10%、9.40%、25.04%，可见螺栓间距对横向布置承载力影响较大。螺栓纵向布置时，试件极限承载力随螺栓间距的变化较小，变化幅度不超过 3%，初始滑移荷载差异较大，说明螺栓纵向布置时，螺栓间距对承载力影响较小。

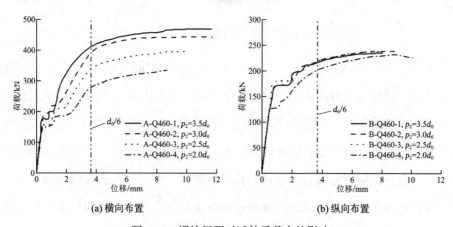

(a) 横向布置　　　　　　　　(b) 纵向布置

图 4-11　螺栓间距对试件承载力的影响

螺栓横向布置时，式(4-14)表示为：

$$\frac{(p_2 + 2e_2) - 2d_0}{p_2 + 2e_2} \geqslant \frac{f_y}{f_u} \tag{4-16}$$

根据上文边距 e_2 建议取值为 $2d_0$，可得：

$$1 - \frac{2d_0}{p_2 + 4d_0} \geqslant \frac{f_y}{f_u} \tag{4-17}$$

根据式(4-17)可得 $p_2/d_0 \geqslant 4$，与实际试验结果有一定偏差。由图 4-11 可知，螺栓间距由 $3d_0$ 增加到 $3.5d_0$ 时，试件初始滑移荷载提高了 23.91%，极限承载力提高了 10.10%，而其相应变形提高了 60.32%，变化幅度较大，因此建议螺栓间距取值为 $3.0d_0$。

4.1.4　数值模拟分析

模型中连接板、盖板、螺栓均采用 C3D8R 实体单元，网格划分前先对各部件进行形状规则化处理，开孔区域采取增加局部种子布置数目及切分不规则区域等方法，对网格进行局部细化。有限元模型见图 4-12，在距离加载中心 20mm 处建立参考点 RP-1 和 RP-2，在加载面与参考点之间设置耦合约束，加载力作用在参考点上，集中力均匀分布到受力面中。

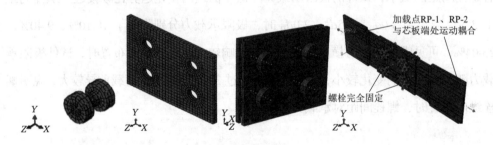

图 4-12　有限元模型

各组件之间的接触主要包括三部分，螺母与盖板表面的接触、螺杆与芯板孔壁内侧的接触及盖板与芯板表面的接触，详细接触关系如图 4-13 所示。接触属性定义主要分"切向接触"和"法向接触"两类，"切向接触"由库伦摩擦力定义，盖板与芯板、螺母与盖板之间的切向接触均为摩擦力，摩擦系数取 0.25，"法向接触"设置"硬接触"，允许接触后分离；螺栓杆与孔壁内侧间"切向"为无摩擦接触定义，即不考虑螺栓杆与孔壁间的摩擦，接触面荷载由钢板承压传递，主要模拟栓杆与芯板之间的相互挤推，接触均为"面面接触"，主从面选取由网格密度确定，"法向接触"定义为"线性"，接触刚度采用 2000N/mm。

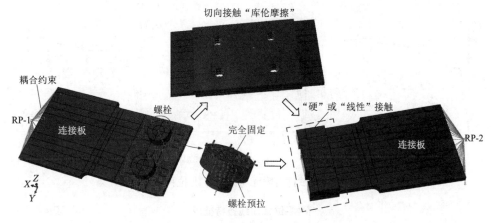

图 4-13　约束及边界条件

通过材性试验荷载-位移曲线转化得到的工程应力应变关系无法准确表示材料真实的力学行为，特别是在大应变情况下，材料颈缩后断口截面不断减小会严重影响真实应力应变关系的测定。计算过程分三个荷载步，第一步，约束螺栓上下端面节点的全部自由度，使接触关系平稳建立。第二步，对高强度螺栓施加相应的预拉力值。第三步，在参考点 RP-1 和 RP-2 上施加位移荷载，使集中力均匀分布到受力面。采用位移控制加载，最大位移 20mm，每个荷载步取总位移的 5%，考虑到计算模型的非线性，采用全 Newton-Raphson 法进行迭代计算。

1. 荷载-位移曲线

将有限元模拟结果与试验结果对比，见图 4-14。其中 EXP 为试验结果，FEM 为有限元结果。表 4-2 给出了 Q460 试件不同阶段荷载-位移曲线的特征点。由图 4-14 可知，试件变形为 $d_0/6$ 时的承载力均在极限承载力的 85%以上，以 $d_0/6$ 变形值作为连接的承载力分析标准，比较合理。试件经历了摩擦、滑移、承压和破坏四个阶段，滑移量由螺栓与孔壁间的间隙产生，有限元分析为理想状态，模拟的荷载-位移曲线没有滑移段。去掉滑移量，试验与数值分析相差在 10%以内，吻合较好。

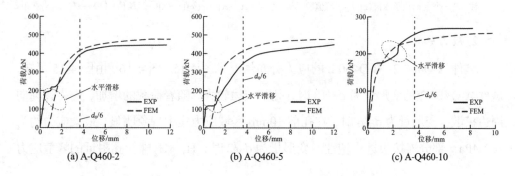

(a) A-Q460-2　　　　　(b) A-Q460-5　　　　　(c) A-Q460-10

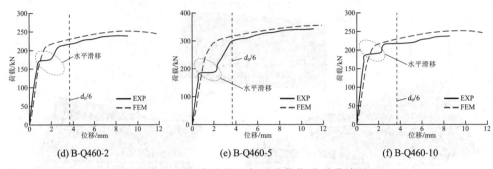

(d) B-Q460-2　　　　　　　(e) B-Q460-5　　　　　　　(f) B-Q460-10

图 4-14　Q460 试件有限元与试验荷载-位移曲线对比

荷载-位移曲线各特征点　　　　　　　　　　　表 4-2

试件编号	承压阶段/kN				峰值阶段/kN				位移 $d_0/6$/mm		$(F_{U,FEM}-F_{U,EXP})/F_{U,EXP}$/%	$(\Delta_{U,FEM}-\Delta_{U,EXP})/\Delta_{U,EXP}$/%
	$F_{R,EXP}$	$F_{R,FEM}$	$\Delta_{R,EXP}$	$\Delta_{R,FEM}$	$F_{U,EXP}$	$F_{U,FEM}$	$\Delta_{U,EXP}$	$\Delta_{U,FEM}$	F_{EXP}	F_{FEM}		
A-Q460-11	157.06	208.31	1.15	1.47	469.71	484.89	11.32	12.52	360.21	422.65	3.23	10.60
A-Q460-2	223.20	233.37	1.47	1.67	446.00	476.47	11.64	10.48	386.97	404.48	6.83	−9.97
A-Q460-3	247.31	262.14	2.73	1.75	398.38	410.22	10.48	9.54	338.22	356.11	2.97	−8.97
A-Q460-4	194.18	208.61	2.31	2.34	335.80	338.08	8.64	6.58	284.72	304.29	0.68	−23.84
A-Q460-5	156.74	207.47	1.35	1.27	449.48	477.26	12.26	11.77	350.82	410.59	6.18	−4.00
A-Q460-6	199.74	259.42	1.67	1.85	413.61	403.01	10.85	9.38	364.00	369.63	−2.56	−13.55
A-Q460-7	191.33	265.49	2.51	2.92	353.64	362.49	9.13	8.11	225.03	297.45	2.50	−11.17
A-Q460-8	200.07	316.77	2.51	2.31	449.79	490.85	11.88	8.48	288.83	377.04	9.13	−28.62
A-Q460-9	196.39	296.96	2.69	2.01	370.75	363.50	9.21	10.49	292.03	339.06	−1.96	13.90
A-Q460-10	177.86	200.82	1.29	1.62	269.23	256.40	8.18	9.75	264.57	235.21	−4.77	19.19
B-Q460-1	173.15	207.71	2.03	1.87	235.59	240.37	8.21	8.85	211.36	222.81	2.03	7.80
B-Q460-2	177.07	199.44	1.97	1.31	239.36	252.03	8.42	8.48	217.74	229.15	5.29	0.71
B-Q460-3	199.49	207.67	2.56	1.76	238.56	240.83	8.09	8.75	214.49	223.24	0.95	8.16
B-Q460-4	145.04	207.64	2.42	1.86	232.49	240.66	10.11	8.85	179.19	223.25	3.51	−12.46
B-Q460-5	215.84	294.77	2.35	2.11	342.35	354.93	11.09	11.87	280.17	317.25	3.67	7.03
B-Q460-6	165.30	141.49	1.01	1.21	180.53	171.04	5.85	6.38	172.38	160.36	−5.26	9.06
B-Q460-7	126.13	115.48	1.16	1.31	135.55	134.83	4.05	4.95	130.54	127.11	−0.53	22.22
B-Q460-8	137.31	202.78	1.27	1.66	226.42	240.37	10.47	8.92	203.56	222.53	6.16	−14.80
B-Q460-9	185.77	207.86	1.31	1.96	242.84	240.32	8.75	8.95	217.77	222.36	−1.04	2.29
B-Q460-10	192.55	212.36	2.17	1.72	237.01	251.36	8.53	9.48	221.64	227.74	6.05	11.14

注：F_R—承压阶段承压荷载；F_U—峰值阶段极限荷载；Δ—试件位移值；EXP—试验值；FEM—有限元分析值。

2. 应力分布

试件 A-Q460-2、B-Q460-2 的应力分布情况见图 4-15、图 4-16。由图 4-15 可知，试件 A-Q460-2 的变形量为 $d_0/18$ 时，孔前应力较大，随着荷载的增加，应力逐渐向周边扩散。变形量为 $d_0/6$ 时，在孔前 10mm 区域应力集中现象明显，最大应力约为 560MPa，部分连接板进入塑性。变形量为 $d_0/2$ 时，H_1、H_2 螺栓孔附近的峰值应力

与 $d_0/6$ 时比较接近，约为 640MPa，但屈服区域明显增大，沿孔中心横向基本贯通，螺栓孔明显被拉长，横向布置试件的应力沿孔距中线呈对称分布。由图 4-16 可知，试件 B-Q460-2 在端部螺栓孔 H_1 处发生净截面破坏，变形量为 $d_0/18$ 时，端部螺栓孔边最大应力约为 280MPa。变形量为 $d_0/6$ 时，端部螺栓孔 H_1 周围区域开始屈服，最大应力约为 490MPa，中部螺栓孔 H_2 最大应力约为 130MPa。变形量为 $d_0/3$ 时，端部螺栓孔周围区域最大应力约为 604MPa，沿孔前 45° 方向产生两条主应力，主应力迹线方向与最大剪应力方向一致，连接板沿横向全截面进入塑性，中部螺栓孔前最大应力约为 160MPa，连接板处于弹性。

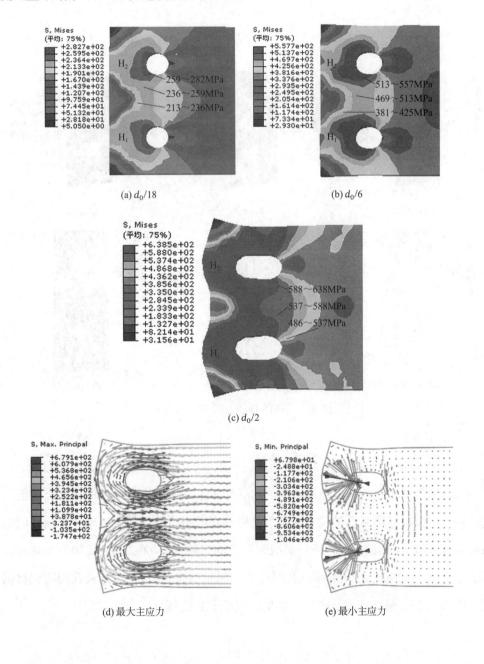

(a) $d_0/18$　　　　　　　　(b) $d_0/6$

(c) $d_0/2$

(d) 最大主应力　　　　　　　　(e) 最小主应力

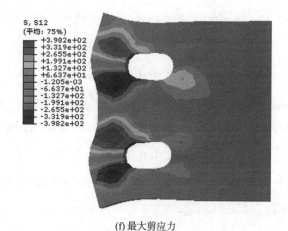

(f) 最大剪应力

图 4-15 试件 A-Q460-2 应力分布

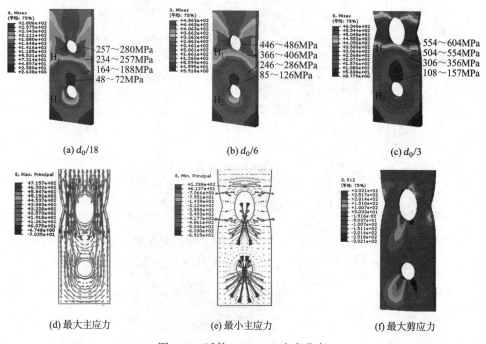

(a) $d_0/18$ (b) $d_0/6$ (c) $d_0/3$

(d) 最大主应力 (e) 最小主应力 (f) 最大剪应力

图 4-16 试件 B-Q460-2 应力分布

3. 变形分析

试件 A-Q460-2、B-Q460-2 的变形情况见图 4-17 和图 4-18。由图 4-17 可知, 试件 A-Q460-2 发生孔前挤推破坏, 峰值荷载作用下计算位移为 10.48mm, 试验值为 11.64mm, 位移差值是由试验中栓杆与孔壁存在间隙所致, 屈服区域在螺栓孔周边 20mm 范围以内。由图 4-18 可知, 有限元模拟的试件 B-Q460-2 最大位移为 8.48mm, 而试验值为 8.42mm。在端部螺栓孔周边发生明显颈缩变形, 中部螺栓孔周边钢材仍处于弹性状态, 最终在端部螺栓处发生钢板净截面破坏。

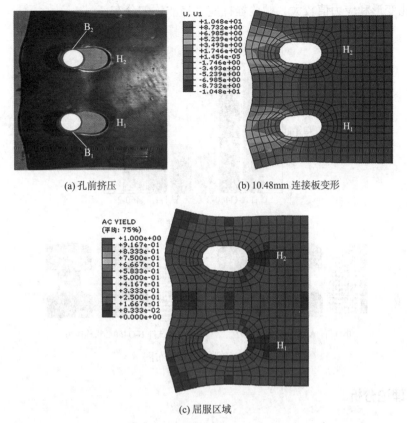

(a) 孔前挤压　　　　　　　　(b) 10.48mm 连接板变形

(c) 屈服区域

图 4-17　试件 A-Q460-2 变形图

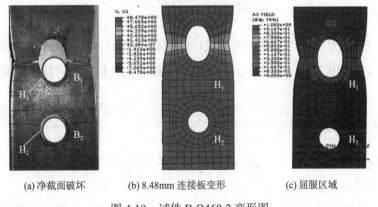

(a) 净截面破坏　　　(b) 8.48mm 连接板变形　　　(c) 屈服区域

图 4-18　试件 B-Q460-2 变形图

4. 螺栓受力分析

试件 A-Q460-2、B-Q460-2 的螺栓应力分布情况见图 4-19。如图 4-19 所示，A 组试件的应力呈对称分布，螺栓 B_1、B_2 接触应力大小基本相同，孔前区域应力呈椭圆形分布。B 组试件由于端部螺栓和中部螺栓的受力不同，螺栓应力分布存在较大差异。摩擦力对连接接头的承载力有一定影响，B 组试件两个螺栓受力不均匀。端部螺栓孔变形和应力值较大，螺栓栓杆应力呈非均匀分布。

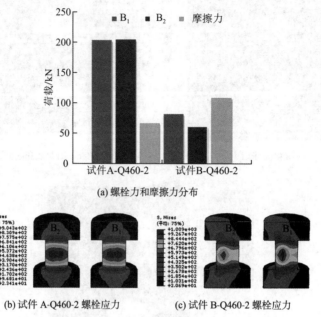

(a) 螺栓力和摩擦力分布

(b) 试件 A-Q460-2 螺栓应力　　　(c) 试件 B-Q460-2 螺栓应力

图 4-19　螺栓应力分布图

4.1.5　理论分析

欧洲规范 EN 1993-1-8[2]中关于承压型螺栓连接承载力的设计规定为：

$$F_{b,Rd} = \frac{k_1 \alpha_b f_u dt}{\gamma_{M_2}} \tag{4-18}$$

式中：$F_{b,Rd}$ 为钢板孔壁承压强度设计值；$\gamma_{M_2} = 1.25$；f_u 为钢板抗拉强度；d 为螺栓直径；t 为钢板厚度；参数 α_b 和 k_1 的取值要考虑几何构造，具体选取参照如下规定。

（1）在荷载传递方向：

$$\alpha_b = \min\left\{\alpha_d, \frac{f_{ub}}{f_u}, 1.0\right\} \tag{4-19}$$

式中：端部螺栓 α_d 取 $\frac{e_1}{3d_0}$，内部螺栓 α_d 取 $\frac{p_1}{3d_0} - \frac{1}{4}$；$f_{ub}$ 为螺栓抗拉强度。

（2）在垂直于荷载传递的方向：

端部螺栓，$k_1 = \min\left\{2.8\frac{e_2}{d_0} - 1.7, 1.4\frac{p_2}{d_0} - 1.7, 2.5\right\} \tag{4-20}$

中间螺栓，$k_1 = \min\left\{1.4\frac{p_2}{d_0} - 1.7, 2.5\right\} \tag{4-21}$

式中：$e_1 \geq 1.2d_0$，$e_2 \geq 1.2d_0$，$p_1 \geq 2.2d_0$，$p_2 \geq 2.4d_0$。f_{ub}/f_u 是考虑螺栓材料强度低于钢材的情况，而设计选用螺栓时可保证螺栓不被剪断。

Moze 等的研究表明，EC 3 承载力公式在一些破坏模型中偏于保守，单个螺栓承载力总和并不代表连接的最大承载力，考虑极限荷载、净截面破坏、撕裂和剪切破坏之间的关系进行验证，净截面设计参照欧洲规范 EN 1993-1-12[9]：

$$N_{t,Rd} = \frac{0.9 A_{ent} f_u}{\gamma_{M_2}} \tag{4-22}$$

式中：$N_{t,Rd}$ 为净截面设计承载力；A_{net} 为净截面面积；$\gamma_{M_2} = 1.25$。板件撕裂多是由于螺栓沿孔壁剪切，在张力作用下沿螺孔之间产生斜裂缝。撕裂强度 $V_{eff,1,Rd}$ 参照欧洲规范 EN 1993-1-8[2]定义：

$$V_{eff,1,Rd} = \frac{A_{nt} f_u}{\gamma_{M_2}} + \frac{A_{nv} f_y}{\gamma_{M_0} \sqrt{3}} \tag{4-23}$$

式中：$V_{eff,1,Rd}$ 为板件撕裂设计承载力；A_{nt} 和 A_{nv} 为受拉和受剪净截面面积；$\gamma_{M_0} = 1.1$，f_y 为钢板屈服强度，f_u 为钢板抗拉强度。

图 4-20 为有限元计算所得的螺栓承载力与欧洲规范理论值及试验结果的对比。由图 4-20 可知，A 组螺栓横排布置试件沿荷载传递方向的端部螺栓 B_1、B_2 受力基本一致，采用欧洲规范公式估算螺栓横向布置试件承载力时偏差较大，连接接头的承载力常被低估。B 组试件螺栓 B_1、B_2 受力不同，使得芯板应力分布不均匀，中部螺栓 B_2 的承载力分布相较于端部螺栓 B_1 的承载力更离散，螺栓 B_1 与欧洲规范理论值更为接近，但均比横向布置试件拟合曲线斜率小，并高于 EC 3 限值。连接承载力以螺栓承载力的总和 $\sum F_b$ 表示时，试件连接承载力的横向布置方式比纵向布置具有更高富余度。有限元计算的承载力汇总为表 4-3。由表 4-3 可知，螺栓横向布置的极限承载力 P_m 均大于纵向，对于横向布置试件，承载力随端距、边距的增大呈增大趋势；螺栓纵向布置时，端距和间距对极限承载力 P_m 影响较小。

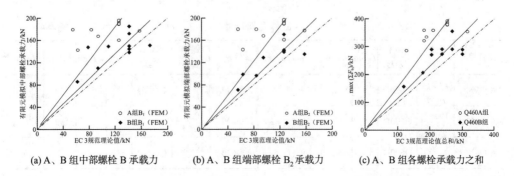

(a) A、B 组中部螺栓 B 承载力　　(b) A、B 组端部螺栓 B_2 承载力　　(c) A、B 组各螺栓承载力之和

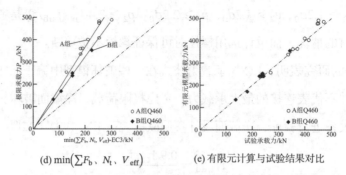

(d) $\min(\sum F_b、N_t、V_{eff})$ (e) 有限元计算与试验结果对比

图 4-20 有限元计算所得的螺栓承载力与欧洲规范理论值及试验结果对比

有限元承载力计算   表 4-3

试件编号	螺栓 B_1F_b/kN	螺栓 B_2F_b/kN	摩擦力 /kN	$\max(\sum F_b)$/kN	P_m/kN	试件编号	螺栓 B_1F_b/kN	螺栓 B_2F_b/kN	摩擦 力/kN	$\max(\sum F_b)$/kN	P_m/kN
A-Q460-1	194.64	197.17	93.08	391.82	484.89	B-Q460-1	101.43	70.08	68.86	171.51	240.37
A-Q460-2	204.11	205.11	67.25	409.22	476.47	B-Q460-2	81.08	60.71	110.24	141.79	252.03
A-Q460-3	193.94	174.74	41.53	368.69	410.22	B-Q460-3	113.37	58.55	68.91	171.92	240.83
A-Q460 4	127.28	131.14	79.66	258.42	338.08	B-Q460-4	112.25	46.82	81.58	159.08	240.66
A-Q460-5	190.56	191.65	95.04	382.22	477.26	B-Q460-5	119.18	76.75	159.00	195.93	354.93
A-Q460-6	141.67	115.91	145.43	257.58	403.01	B-Q460-6	81.06	54.81	35.17	135.87	171.04
A-Q460-7	131.00	101.57	129.92	232.57	362.49	B-Q460-7	67.41	41.75	25.67	109.16	134.83
A-Q460-8	169.54	164.75	156.56	334.29	490.85	B-Q460-8	84.30	55.46	100.61	139.76	240.37
A-Q460-9	99.54	106.25	157.71	205.79	363.50	B-Q460-9	93.16	59.61	87.56	152.76	240.32
A-Q460-10	103.37	104.18	48.85	207.55	256.40	B-Q460-10	98.28	54.19	98.89	152.47	251.36

4.2 Q690D 螺栓连接

试验设计了 A、B 两组 Q690D 高强度钢材螺栓抗剪连接试件，综合分析螺栓边距、端距、间距、螺栓等级与螺栓直径等参数的变化对高强度钢螺栓连接接头承载性能的影响[10-12]，试件几何尺寸见表 4-4。

试件几何尺寸   表 4-4

试件编号	螺栓 属性	钢材 等级	t/mm	e_1/mm	e_2/mm	p_2/mm	试件编号	螺栓 属性	钢材 等级	t/mm	e_1/mm	e_2/mm	p_2/mm
A-Q690-1	10.9, M24	Q690D	8	52	39	91	B-Q690-1	10.9, M24	Q690D	8	52	39	91
A-Q690-2	10.9, M24	Q690D	8	52	39	78	B-Q690-2	10.9, M24	Q690D	8	52	39	78
A-Q690-3	10.9, M24	Q690D	8	52	39	65	B-Q690-3	10.9, M24	Q690D	8	52	39	65

续表

试件编号	螺栓属性	钢材等级	t/mm	e_1/mm	e_2/mm	p_2/mm	试件编号	螺栓属性	钢材等级	t/mm	e_1/mm	e_2/mm	p_2/mm
A-Q690-4	10.9，M24	Q690D	8	52	52	78	B-Q690-4	10.9，M24	Q690D	8	52	52	78
A-Q690-5	10.9，M24	Q690D	8	52	26	78	B-Q690-5	10.9，M24	Q690D	8	52	26	78
A-Q690-6	10.9，M24	Q690D	8	65	39	78	B-Q690-6	10.9，M24	Q690D	8	65	39	78
A-Q690-7	10.9，M24	Q690D	8	39	39	78	B-Q690-7	10.9，M24	Q690D	8	39	39	78
A-Q690-8	12.9，M24	Q690D	8	52	39	78	B-Q690-8	12.9，M24	Q690D	8	52	39	78
A-Q690-9	8.8，M24	Q690D	8	52	39	78	B-Q690-9	8.8，M24	Q690D	8	52	39	78
A-Q690-10	10.9，M20	Q690D	8	44	33	66	B-Q690-10	10.9，M20	Q690D	8	44	33	66
A-Q690-11	10.9，M16	Q690D	8	35	26.25	52.5	B-Q690-11	10.9，M16	Q690D	8	35	26.25	52.5

4.2.1　试验现象

试件 A-Q690-2 的荷载-位移曲线如图 4-21 所示，由图可知，摩擦阶段（O—A），水平荷载主要由接触面的摩擦力承担，曲线呈线性增长。在滑移阶段（A—B），曲线开始出现转折，有较大水平滑移段，如图 4-22 所示，侧面可明显看到连接板和盖板间的相对位移显著增大，滑移主要由孔壁与栓杆之间的间隙产生，钢板表面的氧化皮层有些许脱落。随后，螺杆与孔壁紧密接触，进入承压阶段（B—C），该阶段水平位移的增加量远大于荷载增量，主要依靠钢板孔壁承担荷载，曲线斜率放缓，螺栓附近的氧化表皮脱落严重，试件侧面滑移错动十分明显。达到峰值荷载后，曲线呈现较长平行段，承载力不再增加，水平位移量急增，最终因变形过大丧失承载能力。

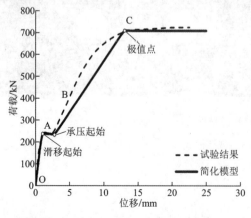

图 4-21　试件 A-Q690-2 荷载-位移曲线

图 4-22　滑移线错动

试件主要在板件连接处发生破坏，破坏模式（图 4-23）随几何参数变化。试件 A-Q690-1、A-Q690-2、A-Q690-4、A-Q690-8、A-Q690-9 发生图 4-23（a）所示孔前挤推破坏，当 $(p_2 + 2e_2)/d_0 \geqslant 6$，$e_1/d_0 > 1.5$ 时，破坏始于孔壁挤压处产生的裂纹，终于过度的塑性变形；若 $e_1/d_0 = 1.5$，孔前挤推破坏随着端距减小逐渐向端部撕裂发展，试件 A-Q690-7 发生图 4-23（b）所示端部撕裂破坏，斜裂纹沿主应力 45°方向，破坏时孔前有明显的塑性变形。试件 A-Q690-3、A-Q690-5 发生孔前挤推和横向撕裂的混合破坏；当 $(p_2 + 2e_2)/d_0 < 6$，$e_1/d_0 \leqslant 1.5$ 时，边距较小时在孔边发生横向撕裂；若螺栓间距较小，则螺栓孔被拉长，连接板在孔间发生净截面破坏，属于混合破坏。当 $(p_2 + 2e_2)/d_0 \leqslant 6$，$e_1/d_0 \geqslant 2.0$ 时，试件 A-Q690-6、A-Q690-10、A-Q690-11 发生钢板净截面破坏，孔前塑性变形较小，钢板沿横向发生净截面破坏。B 组试件截面有效宽度小于 A 组，在栓孔附近发生颈缩现象，破坏时孔前塑性变形较小，端部螺栓受力较大，试件均发生净截面破坏。

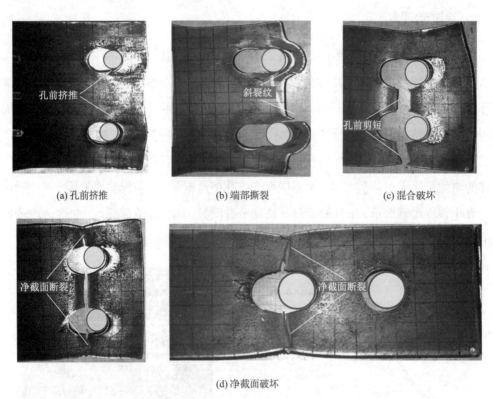

图 4-23　破坏模式

4.2.2　荷载-位移曲线

A 组试件的荷载-位移曲线见图 4-24（a）。由图 4-24（a）可知，加载初期，试件主要依靠连接板表面摩擦力传递荷载，荷载-位移曲线呈线性增长，斜率基本一致。随着荷载增加，试件开始出现滑移，最大滑移量不超过 2mm；在螺栓与孔壁接触后，栓杆通过孔壁承压将荷载传递至连接板，板件发生塑性变形，曲线斜率变缓。加载后期，由承压连接板孔壁和抗剪螺栓共同承担水平荷载，变形量为 $d_0/6$时，各试件均已屈服；达到峰值荷载后，曲线出现较长水平段，承载力不再增加，而水平位移急剧增大，最终因变形过大丧失承载力。螺栓横向布置试件的极限承载力在 550～750kN 之间，荷载-位移曲线均经历了摩擦、滑移、承压和破坏四个阶段。试件 A-Q690-11 由于螺栓直径减小，使得钢板净截面积与几何尺寸变小，承载力偏低。

B 组试件的荷载-位移曲线见图 4-24（b）。由图 4-24（b）可知，B 组试件受几何构造和螺栓布置形式影响，试件滑移量较大，滑移始于端部，使端部螺栓所受剪力大于中部螺栓，剪力分配不均匀。各试件曲线特征与 A 组类似，但净截面积均小于 A 组试件，极限承载力介于 200～400kN，多在端部螺栓处发生净截面破坏。

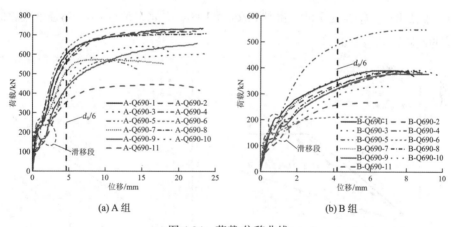

(a) A 组　　　　　　　　　　　　　　(b) B 组

图 4-24　荷载-位移曲线

4.2.3　影响参数分析

1. 螺栓端距

螺栓端距对试件承载力的影响见图 4-25。由图 4-25 可知，螺栓横向布置时，承载力随端距的增大而增大，端距由 $2.5d_0$ 减小到 $2.0d_0$ 和 $1.5d_0$ 时，极限承载力分别降低了 1.17%、33.33%。螺栓纵向布置时，试件的承载力随端距变化的变化较小，承载力变化幅度不超过 5%，说明螺栓横向布置时，端距变化对承载力影响较大，对纵向螺栓连接的影响较小。

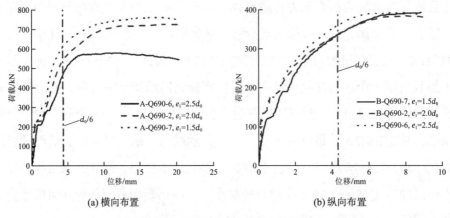

图 4-25　螺栓端距对试件承载力影响

ANSI 和 EC 3 规范中关于端距对承载力影响的规定见图 4-26。由图 4-26 可知，端距对承载力的影响和边距相关，在一定端距范围内承载力随 e_1/d_0 呈线性增长，ANSI 规范拟合趋势较接近，而 EC 3 规范偏于保守。端距 e_1 与孔壁承压应力 f_c、抗拉强度 f_u 及螺栓孔径 d_0 有关，端距与承压强度关系曲线如图 4-27 所示，对于螺栓纵向排列的试件，曲线偏差较大，而螺栓横向布置时，f_c/f_u 与 e_1/d_0 基本呈线性关系。试验的 f_c/f_u 值为 1.59，得到 $e_1/d_0 \geqslant 1.88$，因此，对 Q690D 高强度钢材螺栓连接的端距建议取 $2.0d_0$。

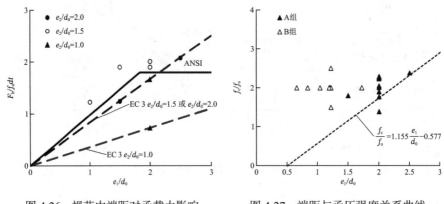

图 4-26　规范中端距对承载力影响　　图 4-27　端距与承压强度关系曲线

2. 螺栓边距

螺栓边距对试件承载力的影响见图 4-28。由图 4-28 可知，螺栓横向布置时，边距由 $2.0d_0$ 减小为 $1.5d_0$ 和 $1.0d_0$，极限承载力分别降低了 0.51%、37.96%。螺栓纵向布置时，边距由 $2.0d_0$ 减小为 $1.5d_0$ 和 $1.0d_0$，极限承载力分别降低了 43.34% 和 83.25%。随边距的减小，试件承载力下降幅度变化明显，边距大小对两种布置方式的承载性能影响均较大。

EC 3 规范中边距对承载性能的影响（图 4-29）：

$$当 e_2 < 1.5d_0 时，\quad \frac{F_b}{f_u dt} = 0.8\frac{e_1}{3d_0}\left(2.8\frac{e_2}{d_0} - 1.7\right) \tag{4-24}$$

$$当 e_2 \geqslant 1.5d_0 时，\quad \frac{F_b}{f_u dt} = 0.8\frac{2.5e_1}{3d_0} \tag{4-25}$$

Moze 修正公式：

$$当 e_2 < 0.7e_1 时，\quad \frac{F_b}{f_u dt} = 1.9\left(0.9\frac{e_2}{d_0} - 0.25\right) \tag{4-26}$$

$$当 e_2 \geqslant 0.7e_1 时，\quad \frac{F_b}{f_u dt} = 1.3\frac{e_1}{e_2}\left(0.9\frac{e_2}{d_0} - 0.25\right) \tag{4-27}$$

由图 4-29 可知，Moze 修正后的公式计算结果与试验值较为接近，能较好地反映参数变化趋势。连接接头的承载力随边距增长呈线性增长趋势，EC 3 规范更为真实地反映了连接承载性能，但偏于保守。

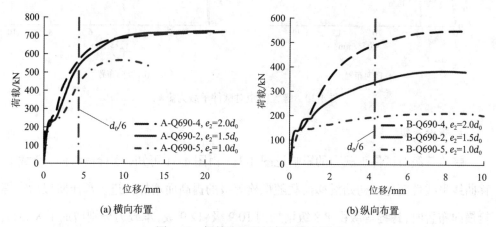

(a) 横向布置　　　　　　　　　　(b) 纵向布置

图 4-28　螺栓边距对试件承载力影响

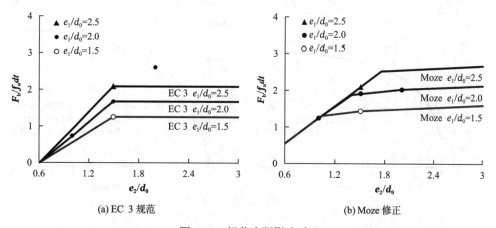

(a) EC 3 规范　　　　　　　　　　(b) Moze 修正

图 4-29　规范边距影响对比

3. 螺栓间距

螺栓间距对试件承载力的影响见图 4-30。由图 4-30 可知，螺栓横向布置时，螺栓间距由 $3.5d_0$ 减小到 $3.0d_0$ 和 $2.5d_0$，极限承载力分别降低了 1.13%、18.78%，说明螺栓间距对试件的承载力影响较大。螺栓纵向布置时，试件极限承载力随螺栓间距的变化较小，变化幅度不超过 5%，而初始滑移荷载差异较大。螺栓间距受孔径大小和屈强比的制约，从试验曲线来看，螺栓间距由 $2.5d_0$ 增加到 $3.5d_0$ 时，荷载-位移曲线发展趋势基本相同，初始滑移值较接近，因此建议螺栓间距取 $3.0d_0$。

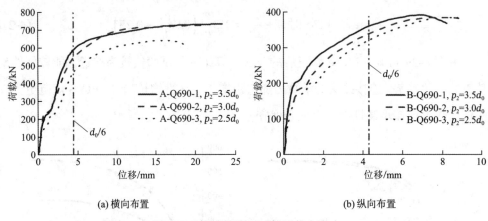

（a）横向布置　　　　　　　　　（b）纵向布置

图 4-30　螺栓间距对试件承载力影响

4. 螺栓等级

螺栓等级对试件承载力的影响见图 4-31。由图 4-31 可知，螺栓滑移前，荷载-位移曲线呈线性变化，初始滑移荷载随螺栓等级的提高而增加。进入承压阶段后，螺栓横向布置时，螺栓等级由 8.8 级增加到 10.9 级、12.9 级，承载力分别增加了 8.43%、1.87%；螺栓纵向布置时，随着螺栓强度等级提高，承载力增幅不超过 5%。

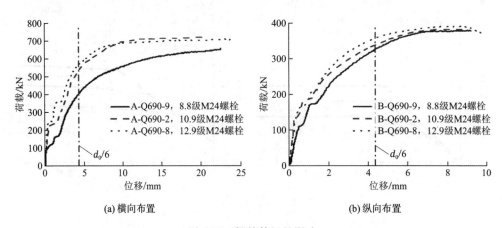

（a）横向布置　　　　　　　　　（b）纵向布置

图 4-31　螺栓等级的影响

5.螺栓直径

螺栓直径对试件承载力的影响见图 4-32。由图 4-32 可知，当螺栓横向布置时，螺栓直径由 M16 增加到 M20、M24，承载力分别提高了 36.83%、19.18%。当螺栓纵向布置时，直径由 M16 增至 M20、M24，承载力分别增加了 23.6% 和 16.1%。通过改变孔径大小，试件的几何尺寸随之变化，对试件净截面积影响较大，螺栓孔径对试件承载力影响主要体现在净截面积上。

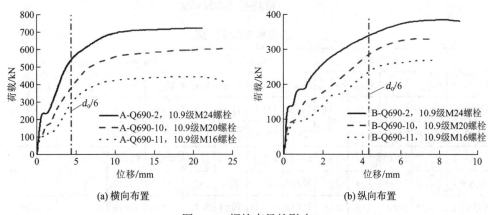

(a) 横向布置　　　　　　　　(b) 纵向布置

图 4-32　螺栓直径的影响

4.2.4　有限元模拟分析

1.荷载-位移曲线

试件在不同阶段下有限元分析与试验所得的荷载-位移曲线如图 4-33 所示，荷载-位移曲线特征值如表 4-5 所示。试件 A-Q690-2 极限荷载达 724.32kN 时，位移为 21.04mm，与有限元计算相差不到 6%。试验中的滑移主要由栓杆与孔壁之间的间隙产生，试验试件有 1～2mm 的滑移。分析时去掉滑移量，A、B 两组编号为 2、4 和 7 试件的连接承载力和变形与试验结果较吻合。图 4-33 中各试件荷载-位移曲线均经历了摩擦、滑移、承压及破坏四个阶段，变形为 $d_0/6$ 时的承载力基本达到极限承载力的 80%，说明以 $d_0/6$ 变形值作为承载力分析标准较合理。

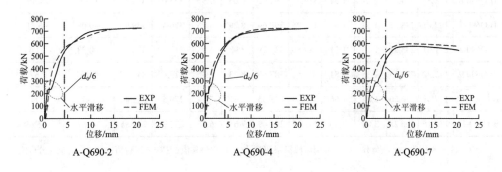

A-Q690-2　　　　　　A-Q690-4　　　　　　A-Q690-7

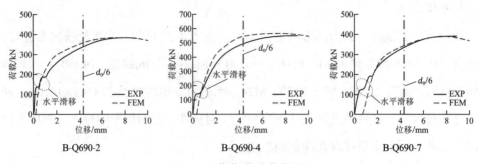

图 4-33 荷载-位移曲线对比

荷载-位移曲线特征值   表 4-5

试件编号	承压阶段/kN				峰值阶段/kN				位移$d_0/6$/kN		$(F_{U,FEM}-F_{U,EXP})/F_{U,EXP}$/%	$(\Delta_{U,FEM}-\Delta_{U,EXP})/\Delta_{U,EXP}$/%
	$F_{R,EXP}$	$F_{R,FEM}$	$\Delta_{R,EXP}$	$\Delta_{R,FEM}$	$F_{U,EXP}$	$F_{U,FEM}$	$\Delta_{U,EXP}$	$\Delta_{U,FEM}$	F_{EXP}	F_{FEM}		
A-Q690-1	234.199	307.71	1.38	1.11	732.53	722.38	11.32	11.93	580.63	616.28	−1.39	5.39
A-Q690-2	239.00	297.15	1.41	1.25	724.32	720.51	21.04	19.86	557.17	581.33	−0.53	−5.61
A-Q690-3	229.67	232.67	2.04	1.67	642.42	635.26	15.44	13.75	480.87	514.49	−1.11	−10.95
A-Q690-4	281.78	283.66	1.51	0.99	720.63	722.46	20.35	19.21	553.19	582.52	0.25	−5.60
A-Q690-5	237.43	290.07	1.65	1.25	564.68	523.38	10.19	9.77	462.93	485.70	−7.31	−4.12
A-Q690-6	331.74	346.84	2.07	1.51	759.11	755.54	18.44	17.15	596.55	565.77	−0.47	−7.00
A-Q690-7	288.14	357.37	2.53	1.76	574.07	539.04	12.08	11.16	462.57	513.19	−6.10	−7.62
A-Q690-8	362.32	423.89	2.07	2.09	711.82	720.50	20.17	17.47	574.87	567.82	1.22	−13.39
A-Q690-9	169.93	252.97	1.80	2.07	655.68	693.62	14.76	13.05	425.333	493.99	5.79	−11.59
A-Q690-10	177.83	338.74	1.78	1.77	607.67	633.06	20.27	18.48	377.18	503.01	4.18	−8.83
A-Q690-11	136.99	251.39	2.31	2.96	444.10	473.51	19.30	19.97	281.71	338.10	6.62	3.47
B-Q690-1	206.13	238.61	0.80	1.31	390.13	398.24	5.54	5.95	339.05	378.27	2.08	7.40
B-Q690-2	187.61	233.17	1.09	1.11	383.51	384.713	8.02	7.95	341.18	367.11	0.31	−0.87
B-Q690-3	200.53	229.97	1.66	1.51	382.09	395.78	8.88	9.17	353.14	361.18	3.58	3.27
B-Q690-4	182.63	300.83	0.92	1.31	549.88	566.09	8.05	7.28	448.51	541.96	2.95	−9.57
B-Q690-5	162.96	166.96	2.11	1.44	209.18	229.49	9.16	7.43	194.35	203.83	9.71	−18.89
B-Q690-6	178.31	214.06	0.87	1.31	389.72	391.92	6.05	7.95	333.03	342.12	0.56	31.40
B-Q690-7	192.01	235.28	1.57	1.91	390.95	390.64	8.29	7.75	320.42	349.05	−0.08	−6.51
B-Q690-8	211.81	233.21	1.36	1.31	389.86	387.79	8.98	6.95	317.60	322.50	−0.53	−22.61
B-Q690-9	175.22	233.15	1.35	1.81	379.56	387.69	8.23	8.45	319.60	347.77	2.14	2.67
B-Q690-10	157.41	236.66	1.57	1.66	330.28	348.35	7.61	7.74	279.59	312.44	5.47	1.71
B-Q690-11	175.16	206.22	3.00	2.46	267.27	265.49	7.65	6.45	232.92	244.85	−0.67	−15.69

注：F_R—承压阶段承压荷载；F_U—峰值阶段极限荷载；Δ—试件位移值；EXP—试验值；FEM—有限元分析值。

2. 应力分布

试件 A-Q690-2 的应力分布如图 4-34 所示，螺栓横向布置的试件应力沿孔距中线呈对称分布，变形量为 $d_0/18$ 时，孔前应力较大，最大应力约为 212MPa；变形为 $d_0/6$ 时，孔前 10mm 区域应力集中现象明显，连接板处于弹性状态，最大应力约为 654MPa，达到峰值应力的 80%左右。变形量为 $d_0/2$ 时，螺栓孔周边区域峰值应力约为 860MPa，螺栓孔明显被拉长，屈服区域沿孔中心横向基本贯通。

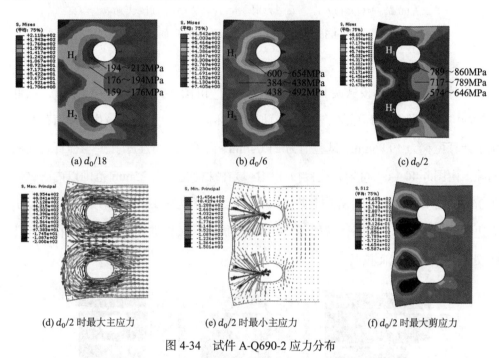

图 4-34　试件 A-Q690-2 应力分布

试件 B-Q690-2 的应力分布如图 4-35 所示。由图 4-35 可知，试件 B-Q690-2 在端部螺栓孔 H_2 处发生净截面破坏。变形为 $d_0/18$ 时，端部螺栓孔 H_2 应力集中明显，最大应力为 245MPa。变形为 $d_0/6$ 时，螺栓孔 H_2 周边 15mm 区域有明显应力集中，连接板处于弹性状态，最大应力约 629MPa。变形为 $d_0/3$ 时，端部螺栓孔 H_2 周边最大应力约 832MPa，沿孔前 45°方向产生两条主应力迹线，主应力迹线方向与最大剪应力方向一致，端孔附近板件沿横向全截面进入塑性，中部螺栓孔 H_1 最大应力约 211MPa。

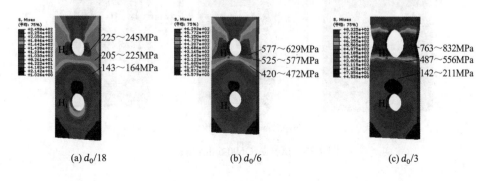

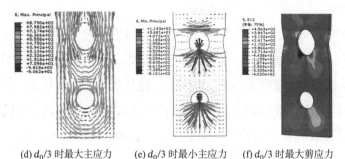

(d) $d_0/3$ 时最大主应力　　(e) $d_0/3$ 时最小主应力　　(f) $d_0/3$ 时最大剪应力

图 4-35　试件 B-Q690-2 试件应力分布

3. 变形及破坏模式

部分试件的破坏模式见图 4-36～图 4-40。由图 4-36～图 4-40 可知，试件 A-Q690-2 发生孔前挤压破坏，有限元模拟的破坏模式与试验吻合较好，峰值荷载作用下计算位移为 19.86mm，试验值为 21.04mm，误差主要产生于孔壁与栓杆之间的间隙。由图 4-40（c）可知，连接板屈服区域在螺栓孔周边 25mm 范围以内。试件 B-Q690-2 有限元模拟的计算位移为 7.95mm，试验值为 8.02mm。第一排螺栓孔 H_1 周边区域仍处于弹性状态，端部螺栓孔 H_2 及周边区域均进入塑性，最终在螺栓孔 H_2 处发生钢板净截面拉断。

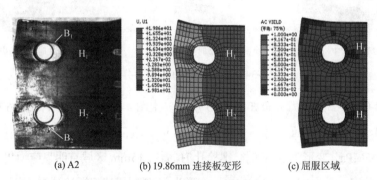

(a) A2　　　　　　　(b) 19.86mm 连接板变形　　　　　(c) 屈服区域

图 4-36　试件 A-Q690-2 孔前挤推破坏

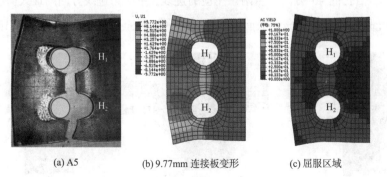

(a) A5　　　　　　　(b) 9.77mm 连接板变形　　　　　(c) 屈服区域

图 4-37　试件 A-Q690-5 混合破坏

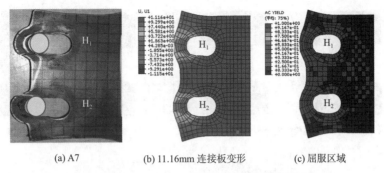

(a) A7　　　　(b) 11.16mm 连接板变形　　　　(c) 屈服区域

图 4-38　试件 A-Q690-7 端部撕裂破坏

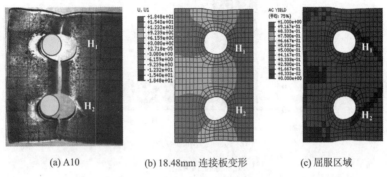

(a) A10　　　　(b) 18.48mm 连接板变形　　　　(c) 屈服区域

图 4-39　试件 A-Q690-10 净截面破坏

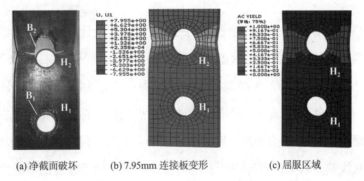

(a) 净截面破坏　　　　(b) 7.95mm 连接板变形　　　　(c) 屈服区域

图 4-40　试件 B-Q690-2 净截面破坏

4. 螺栓受力分析

A 组试件的应力呈对称性分布，B_1、B_2 螺栓受力大小基本相同，螺栓剖切面中心区域应力呈圆形分布，详见图 4-41（a）、（b）。B 组试件由于端部螺栓和中部螺栓孔的受力及伸长量不同，螺栓剖切面中孔前区域应力由圆形渐转为呈椭圆分布，螺栓 B_1、B_2 应力分布不均匀，端部螺栓应力明显较大。A 组试件连接板表面有效面积大于 B 组，摩擦力和试件承载力值均高于 B 组，板件摩擦力对连接接头的承载力有一定影响，见图 4-41（c）。

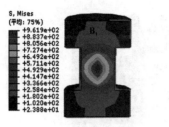

(a) 试件 A-Q690-2 螺栓应力分布

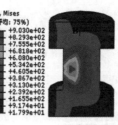

(b) 试件 B-Q690-2 螺栓应力分布

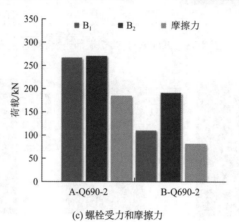

(c) 螺栓受力和摩擦力

图 4-41　螺栓接触应力分布

4.2.5　理论分析

图 4-42 为 A、B 组试件螺栓承载力与 EC 3 规范理论计算值间的关系。连接接头承载力有两种表述形式，一是取单个螺栓承载力的总和 $\sum F_b$，二是取 $\sum F_b$、N_t、V_{eff} 中的最小值；其中，N_t 为净截面设计承载力；V_{eff} 为板件撕裂设计承载力。图 4-42（a）、（b）中 A 组试件螺栓横排试件数据点横纵坐标大致相同，表明沿荷载传递方向两螺栓 B_1、B_2 受力相同，连接板应力均匀分布，但点的分布较离散，拟合曲线与理论曲线偏差较大，可知 EC 3 规范公式对螺栓横排布置的承载力估算不够精确，接头承载性能被低估。图 4-42（c）中 A 组试件数据点离散程度较大，以 $\sum F_b$ 估算承载力时有偏差，以 $\sum F_b$、N_t、V_{eff} 中最小值表述 A 组试件承载性能更精确。对比图 4-42（a）、（b）可知，B 组试件螺栓纵排布置，端部螺栓数据点的纵坐标均高于中部螺栓，表明螺栓 B_2 承载力值高于 B_1，连接板应力呈不均匀分布，且 B_2 数据点的分布相较于 B_1 离散，曲线中螺栓 B_1 与 EC 3 规范计算值更接近。

试件承载力有限元计算结果见表 4-6。由表 4-6 可知，螺栓横排试件极限承载力均大于纵排，两螺栓受力基本一致，纵排试件端部螺栓受力值大于中部；图 4-42（e）所示有限元计算与试验结果较吻合，计算值与试验值相差在 10%以内。

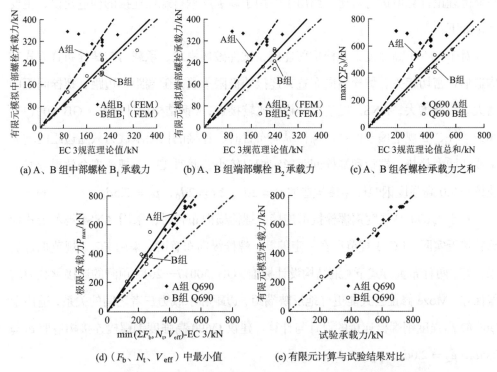

(a) A、B 组中部螺栓 B_1 承载力　　(b) A、B 组端部螺栓 B_2 承载力　　(c) A、B 组各螺栓承载力之和

(d)（F_b、N_t、V_{eff}）中最小值　　(e) 有限元计算与试验结果对比

图 4-42　有限元计算的螺栓承载力与 EC 3 规范理论值及试验结果的比较

试件承载力有限元计算结果　　　　　　　　　　表 4-6

试件编号	螺栓 B_1F_b/kN	螺栓 B_2F_b/kN	摩擦力/kN	$\max(\sum F_b)$/kN	P_{max}/kN	试件编号	螺栓 B_1F_b/kN	螺栓 B_2F_b/kN	摩擦力/kN	$\max(\sum F_b)$/kN	P_{max}/kN
A-Q690-1	299.55	303.98	118.86	603.53	722.39	B-Q690-1	105.78	170.08	122.38	275.86	398.24
A-Q690-2	266.74	268.56	185.21	535.30	720.51	B-Q690-2	111.90	190.71	82.10	302.61	384.72
A-Q690-3	242.34	222.74	170.19	465.08	635.27	B-Q690-3	108.63	208.55	78.97	317.18	396.16
A-Q690-4	277.57	256.14	188.15	534.31	722.46	B-Q690-4	185.06	286.82	94.21	471.88	566.10
A-Q690-5	235.65	198.65	89.08	434.30	523.38	B-Q690-5	54.15	119.18	66.16	173.33	239.49
A-Q690-6	319.20	300.91	135.44	620.11	755.54	B-Q690-6	101.54	181.06	109.32	282.60	391.93
A-Q690-7	243.93	204.57	90.54	448.50	539.03	B-Q690-7	111.95	197.41	81.27	309.36	390.64
A-Q690-8	267.55	264.75	188.20	532.30	720.50	B-Q690-8	127.14	165.46	98.05	292.60	390.65
A-Q690-9	278.05	256.25	186.11	534.30	720.41	B-Q690-9	69.44	193.16	127.89	262.60	390.49
A-Q690-10	233.92	218.18	180.97	452.10	633.06	B-Q690-10	85.23	154.19	108.92	239.42	348.35
A-Q690-11	171.06	184.25	143.38	355.31	498.69	B-Q690-11	64.66	129.98	71.03	194.46	265.50

4.3　本章小结

　　本章对 Q460 和 Q690 高强度钢螺栓抗剪连接进行研究，分析了螺栓纵向和横向排列连接的承载性能，讨论了不同螺栓布置方式和间距对连接承载力的影响，并

与规范理论计算值进行对比，给出了适用于高强度钢材螺栓连接的构造建议，主要结论如下：

对于 Q460 高强度钢螺栓抗剪连接，试件破坏模式、承载力与螺栓布置方式和构造形式密切相关。螺栓横向布置，连接的极限承载力随端距、边距、螺栓间距的增大呈线性增大，ANSI 规范拟合趋势比较接近，《钢结构设计标准》GB 50017—2017 与 EC 3 规范偏于保守；螺栓纵向布置时，连接的极限承载力只随边距的增大呈线性增大趋势，端距和螺栓间距影响相对较小，此时 EC 3 规范拟合效果较好。建议 Q460 高强度钢螺栓连接构造取 $e_1 = 2d_0$，$e_2 = 2d_0$，$p_2 = 2.5d_0$。

对于 Q690 高强度钢螺栓抗剪连接，螺栓横向布置时，采用 ANSI 规范公式计算较接近实际，EC 3 规范存在一定偏差；螺栓纵向布置时，采用 EC 3 规范拟合效果较好。两种布置方式下《钢结构设计标准》GB 50017—2017 预测的连接承载力均偏保守，Moze 修正公式能更好地反映端距、边距和承载力三者之间的关系，适用于 Q690D 高强度钢螺栓连接的设计与计算。建议 Q690 高强度钢螺栓连接构造取 $e_1 = 2.0d_0$，$e_2 = 2.0d_0$，$p_2 = 3.0d_0$。

参 考 文 献

[1]　住房和城乡建设部. 钢结构设计标准: GB 50017—2017[S]. 北京: 中国建筑工业出版社, 2017.

[2]　BS EN 1993-1-8, Eurocode 3: Design of steel structures-Part 1-8: Design of joints[S]. Brussels: European Committee for Standardisation, 2005.

[3]　ANSI/AISC 360-05, Specification for Structural Steel Buildings[S]. American Institute of Steel Construction, 2005.

[4]　郭宏超, 皇垚华, 刘云贺, 等. Q460D 高强钢及其螺栓连接疲劳性能试验研究[J]. 建筑结构学报, 2018, 39(8): 165-172.

[5]　郭宏超, 皇垚华, 刘云贺, 等. Q460 高强钢螺栓连接承载性能试验研究[J]. 土木工程学报, 2018, 51(3): 81-89.

[6]　郭宏超, 皇垚华, 刘云贺, 等. 不同强度钢材螺栓连接承载性能试验研究[J]. 应用力学学报, 2018, 35(2): 322-327+452.

[7]　Kim H J, Yura J A. The effect of ultimate-to-yield ratio on the bearing strength of bolted connections[J]. Journal of Constructional Steel Research, 1999, 49(3): 255-269.

[8]　Puthli R, Fleischer O. Investigations on bolted connections for high strength steel members[J]. Journal of Constructional Steel Research, 2001, 57(3): 313-326.

[9]　EN 1993-1-12. Eurocode 3: Design of steel structures-Part 1-12: additional rules for the extension of EN 1993 up to steel grades S700[S]. Brussels: European Committee for Standardisation, 2007.

[10]　郭宏超, 肖枫, 李炎隆, 等. Q690 高强钢螺栓抗剪连接承载性能试验研究[J]. 实验力学, 2018, 33(4): 583-591.

[11]　石永久, 潘斌, 施刚, 等. 高强度钢材螺栓连接抗剪性能试验研究[J]. 工业建筑, 2012, 42(1): 56-61.

[12]　石永久, 潘斌, 王元清. 高强度钢材螺栓抗剪连接孔壁承压性能研究及设计建议[J]. 青岛理工大学学报, 2013, 34(1). 24-32.

第 **5** 章

高强度钢材 T 形连接

本章研究了 Q690 高强度钢焊接 T 形连接的力学性能，对 Q690 高强度钢焊接 T 形连接进行了静力拉伸试验，分析初始刚度及塑性承载力等指标随螺栓直径和强度等级、边距 e、螺栓到腹板边的距离 d 以及加劲肋等参数的变化规律。通过与 Q355 钢 T 形连接受力性能的对比，力求更准确、全面地掌握高强度钢材 T 形连接的受力特性。

5.1 试验方案

设计了 4 组共 12 个不同规格高强度螺栓和不同尺寸翼缘板的焊接 T 形连接试件。G1 和 G2 组试件间螺栓规格不同；G3 组试件随螺栓边距 e 和螺栓到腹板边的距离 d 之比变化；G4 组在双螺栓排的基础上设置了加劲肋。T 形件连接由两个独立的 T 形组件通过高强度螺栓连接组成。钢材均为 Q690D 高强度钢，采用双坡口对接焊缝连接，焊条类型为 CHE857Cr，焊缝质量等级为一级，T 形件及其参数定义如图 5-1 所示，主要参数见表 5-1。EC 3 规范[1]对 T 形件的几何尺寸设置了下列限制：$n = \min \{e, 1.25m\}$，$m = d - 0.8s$，$n/m \leqslant 1.25$，其中 m 和 n 分别为螺栓到腹板边和翼缘板边的有效长度；对于焊接 T 形件，s 表示焊接 T 形件的焊脚尺寸。

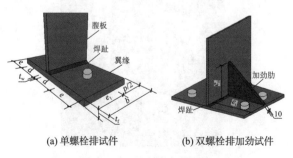

(a) 单螺栓排试件   (b) 双螺栓排加劲试件

图 5-1 T 形连接参数示意

试件参数设置　　　　　　　　　表 5-1

组号	试件编号	T 形件几何尺寸/mm							螺栓规格	螺栓排数
		t_f	t_w	d	e	e_1	$p/2$	e/d		
G1	HWT1	10	10	50	50	46	54	1.00	8.8 级　M16	单螺栓排
	HWT2	10	10	50	50	46	54	1.00	8.8 级　M20	单螺栓排
	HWT3	10	10	50	50	46	54	1.00	8.8 级　M24	单螺栓排
G2	HWT4	10	10	50	50	46	54	1.00	10.9 级　M16	单螺栓排
	HWT5	10	10	50	50	46	54	1.00	10.9 级　M20	单螺栓排
	HWT6	10	10	50	50	46	54	1.00	10.9 级　M24	单螺栓排
G3	HWT7	10	10	67	50	46	54	0.75	8.8 级　M20	单螺栓排
	HWT8	10	10	100	50	46	54	0.50	8.8 级　M20	单螺栓排
	HWT9	10	10	50	75	46	54	1.50	8.8 级　M20	单螺栓排
	HWT10	10	10	50	88	46	54	1.75	8.8 级　M20	单螺栓排
G4	HWT11	10	10	50	50	46	54	1.00	8.8 级　M20	双螺栓排
	HWT12	10	10	50	50	46	54	1.00	8.8 级　M20	双螺栓排加劲

注：加劲肋厚度为 10mm，宽度 e_t 和长度 e_n 均为 100mm；t_f 表示翼缘板厚度；d 表示螺栓中心到腹板边的距离；e 表示螺栓边距；e_1 表示螺栓端距；p 表示螺栓间距。

　　试验共分三个加载阶段，前两个阶段采用力控制加载，第三个阶段在试件屈服前采用力控制加载，屈服后采用位移控制加载。根据 EC 3 规范初步计算试件的塑性承载力 $F_{Rd,0}$，第一阶段将荷载加载至 $2F_{Rd,0}/3$（其中，$2F_{Rd,0}/3$ 表示试件的弹性极限荷载），第二阶段从 $2F_{Rd,0}/3$ 开始卸载到零，第三阶段重新加载直到试件破坏。当发生下列情况之一时，终止加载：（1）试件破坏，包括翼缘板断裂或螺栓破坏；（2）试件持荷能力下降到极限（最大）荷载 F_{max} 的 85%。试验加载装置及测量方案见图 5-2。

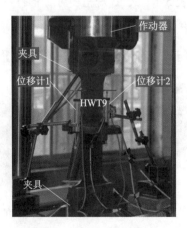

图 5-2　T 形连接加载装置

5.2 试验结果

5.2.1 荷载-位移曲线

图 5-3 给出了试件荷载-位移曲线中各特征点的计算方法[2]。$k'_{e,exp}$、$k'_{p-y,0}$ 分别是通过对荷载-位移曲线卸载段以及屈服后硬化段线性回归分析确定的初始刚度和屈服后刚度的试验值；F'_{max} 表示极限（最大）荷载，对应的位移为 Δ'_u。φ' 表示试件的位移延性系数，$\varphi' = \Delta'_u/\Delta'_p$。$K\text{-}R$ 表示曲线弹性部分到屈服后部分荷载的过渡范围；F'_K 表示过渡范围荷载的下限值，即试件初始刚度出现显著下降趋势时对应的荷载值；F'_R 表示过渡范围荷载的上限值，即试件屈服后由于钢材应变硬化等效应导致试件刚度又出现增加的趋势，试件刚度开始明显增加时对应的荷载值；y_a、y_c 分别表示曲线在弹性段和硬化段的线性回归方程，其交点处荷载定义为试件的塑性承力 $F'_{R,exp}$，对应的位移为 Δ'_p；y_b 表示弹性方程。根据图 5-3 计算的所有试件各阶段的特征值见表 5-2。

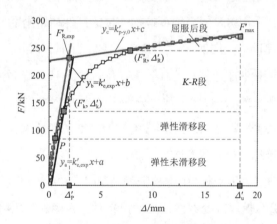

图 5-3 荷载-位移曲线的特征点

荷载-位移曲线主要特征值   表 5-2

试件编号	F'_K/kN	F'_R/kN	$F'_{R,exp}$/kN	F'_{max}/kN	$k'_{e,exp}$/(kN/mm)	$k'_{p-y,0}$/(kN/mm)	$k'_{e,exp}/k'_{p-y,0}$	Δ'_p/mm	Δ'_u/mm	φ'
HWT1	115.71	161.90	152.75	174.67	67.67	9.86	6.86	2.41	4.68	1.94
HWT2	111.84	203.40	201.84	213.42	94.63	1.14	83.01	1.98	12.42	6.27
HWT3	126.46	253.21	230.76	271.49	110.80	2.09	53.01	2.06	18.30	8.88
HWT4	126.30	216.99	202.88	225.19	82.67	1.96	42.18	2.45	20.73	8.46
HWT5	130.20	242.80	241.98	263.25	115.90	1.43	81.05	2.02	17.73	8.78
HWT6	129.72	285.67	267.06	300.44	187.39	3.72	50.37	1.42	14.17	9.98
HWT7	94.16	162.14	160.60	173.16	49.97	0.57	87.67	2.96	25.70	8.68
HWT8	58.59	104.50	104.14	108.26	17.89	0.17	105.24	5.57	42.04	7.55
HWT9	112.07	222.15	211.74	230.71	98.32	3.11	47.50	2.07	28.75	13.89
HWT10	115.41	205.42	205.57	222.25	102.80	2.19	46.94	1.90	15.30	8.05

试件编号	F'_K/kN	F'_R/kN	$F'_{R,exp}$/kN	F'_{max}/kN	$k'_{e,exp}$/ （kN/mm）	$k'_{p-y,o}$/ （kN/mm）	$k'_{e,exp}/k'_{p-y,0}$	Δ'_p/mm	Δ'_u/mm	φ'
HWT11	249.44	418.66	413.67	495.01	243.95	6.66	36.63	1.71	15.53	9.08
HWT12	141.54	488.05	447.65	568.64	258.49	9.73	26.57	1.84	14.94	8.12

根据位移延性系数 φ 的大小，可将 T 形件连接分为三类[3-4]。当 $\varphi \geqslant 20$ 时，属于高延性连接件；当 $3 \leqslant \varphi < 20$ 时，属于有限延性连接件；当 $\varphi < 3$ 时，属于脆性连接件。由表 5-2 可知，除了 HWT1 试件属于脆性连接件之外，其余试件均为有限延性连接件，大部分试件的位移延性系数大于 3。试件屈服后（荷载大于 $2F_{Rd,0}/3$）仍有较高的塑性变形能力。

5.2.2 影响参数分析

1. 螺栓直径

螺栓直径及强度等级对试件承载力的影响见图 5-4。由图 5-4 可知，试件的初始刚度以及塑性承载力均随螺栓直径和强度等级的提高而增大。螺栓直径由 M16 增加到 M20 和 M24 时，采用 8.8 级高强度螺栓连接的试件初始刚度分别提高约 40% 和 63%，塑性承载力分别提高约 32% 和 51%；由于 HWT1 试件较早发生螺母脱落破坏，其承载力偏低，导致试件的塑性承载力增幅偏大；对于 10.9 级高强度螺栓，初始刚度分别提高约 40% 和 125%，塑性承载力分别提高约 19% 和 32%。螺栓直径由 M20 增加到 M24，对于 8.8 级高强度螺栓，连接的初始刚度和塑性承载力分别提高约 17% 和 14%，对于 10.9 级螺栓分别提高约 61% 和 10%。说明增大螺栓直径可以显著提高试件的初始刚度，当连接的承载力由螺栓强度控制时，增大螺栓直径连接的塑性承载力增幅较大；当由翼缘板焊趾处塑性铰强度控制时，连接的塑性承载力增幅较小。

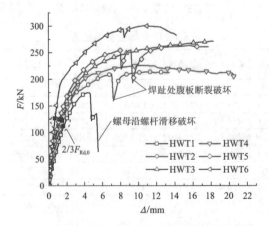

图 5-4　螺栓直径及强度等级对试件承载力影响

图 5-5 给出了连接的初始刚度和塑性承载力随螺栓直径变化的规律曲线。从图 5-5 中可以看出，试件初始刚度以及承载力均随螺栓直径的增加呈线性增长趋势。基于试验结果，通过线性回归分析，获得高强度钢试件初始刚度、塑性承载力与螺栓直径之间的关系，图中R^2表示回归方程的方差。

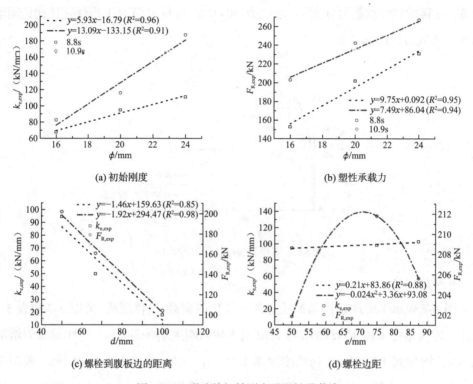

(a) 初始刚度 　　　　　　　　　　　　(b) 塑性承载力

(c) 螺栓到腹板边的距离 　　　　　　　　(d) 螺栓边距

图 5-5　T 形连接初始刚度及塑性承载力

2. 螺栓强度等级

提高螺栓强度等级，螺栓预拉力至少提高 1.25 倍，螺栓对翼缘板的约束程度较大，导致节点的初始刚度增大。由图 5-5（a）可知，采用 M24 高强度螺栓连接的试件初始刚度变化最大，初始刚度提高约 68%，采用 M16 高强度螺栓连接的试件初始刚度变化最小，提高约 22%。说明螺栓强度等级对连接的初始刚度影响较大，连接的初始刚度至少提高约 22%[5]。

由图 5-5（b）可知，采用 M16 和 M20 高强度螺栓连接的试件塑性承载力分别提高约 33% 和 20%，此时承载力由螺栓强度控制。采用 M24 高强度螺栓连接的试件塑性承载力变化较小，仅提高约 16%，M24 高强度螺栓的强度较高，连接的承载力由翼缘板焊趾处塑性铰受弯承载力控制。

3. 螺栓到腹板边距离

图 5-5（c）给出了连接的初始刚度和塑性承载力随d值变化的关系曲线，图 5-6

表示 T 形件连接随螺栓到腹板边的距离 d 变化的荷载-位移曲线。由图 5-6 可知，试件初始刚度及塑性承载力均随螺栓到腹板边的距离 d 的增加呈线性减小趋势。由表 5-2 可知，d 值由 1.0e 增加到 1.3e 和 2.0e 时，初始刚度分别降低约 47% 和 81%；说明 d 值越大，T 形件连接翼缘板跨度越大，抗弯刚度越小；此外，由图 5-6 和表 5-2 可知，连接的塑性承载力分别减小约 20% 和 49%，可见 d 值对 T 形件连接初始刚度和塑性承载力的影响显著。

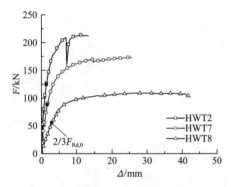

图 5-6　螺栓到腹板边距离的影响

4. 螺栓边距

图 5-7 表示 T 形件连接随螺栓边距 e 变化的荷载-位移曲线。由图 5-7 和表 5-2 可知，螺栓边距 e 由 1.0d 增加到 1.5d 时，初始刚度增加约 3%，塑性承载力增加约 5%；增加到 1.75d 时，初始刚度增加约 8%，塑性承载力增加约 1%。表明螺栓边距对 T 形连接初始刚度和塑性承载力的影响均较小。图 5-5（d）给出了初始刚度和塑性承载力随螺栓边距 e 变化的规律曲线。从图 5-5（d）中可以看出，随着螺栓边距的增加，试件初始刚度变化较小，近似呈线性变化。试件的塑性承载力随螺栓边距的增加呈抛物线变化，当螺栓边距 e 接近 1.5d 时，塑性承载力达到峰值。

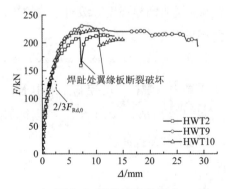

图 5-7　螺栓边距的影响

5. 加劲肋

图 5-8 表示 T 形件连接随设置加劲肋情况变化的荷载-位移曲线。由图 5-8 和表 5-2 可知，设置加劲肋后，节点的初始刚度和塑性承载力均呈增加趋势，但增幅较小。HWT12 试件的初始刚度提高约 6%，塑性承载力提高约 8%，增幅均不足 10%。此时连接的塑性承载力由未加劲一侧翼缘板焊趾处塑性铰强度控制。单侧设置加劲肋对节点初始刚度和塑性承载力影响均较小。

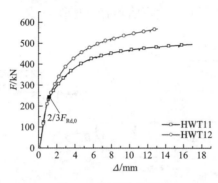

图 5-8　加劲肋的影响

5.2.3　试验结果总结

Q690 高强度钢 T 形件连接的初始刚度 k_e 和塑性承载力 F_R 随主要参数变化的规律详见表 5-3。通过回归分析得到试件初始刚度和塑性承载力随主要参数变化的关系。

参数研究结果总结　　　　　　　　　　　　　　　　　　表 5-3

	分析参数	初始刚度 k_e	变化趋势	塑性承载力 F_R	变化趋势
（a）预拉螺栓特征	螺栓直径 ϕ	$\phi\uparrow \Rightarrow k_e\uparrow$	线性	若连接的承载力由螺栓强度控制，则 $\phi\uparrow \Rightarrow F_R\uparrow$，否则 $\phi\uparrow \Rightarrow F_{R}\_^a$	线性
	螺栓强度等级 s_0	$s_0\uparrow \Rightarrow k_e\uparrow$	—	若连接的极限条件由螺栓破坏控制，则 $s_0\uparrow \Rightarrow F_R\uparrow$，否则 $s_0\uparrow \Rightarrow F_{R}\_^a$	—
（b）连接几何特征	螺栓到腹板边的距离 d	$d\uparrow \Rightarrow k_e\downarrow$	线性	$d\uparrow \Rightarrow F_R\downarrow$	线性
	螺栓边距 e	$e\uparrow \Rightarrow k_{e}\_^a$	线性	$e\uparrow \Rightarrow F_R\nearrow\searrow$	抛物线型
	加劲肋（相当于梁腹板）	_^a		_^a	—

注：$x\uparrow \Rightarrow y\uparrow$ 意味着 y 随着 x 的增加而增加；相似地，$x\uparrow \Rightarrow y\downarrow$ 意味着 y 随着 x 的增加而减小；$x\uparrow \Rightarrow y\nearrow\searrow$ 意味着 y 随着 x 先增加后减小；$_^a$ 表示连接的属性基本保持不变。

5.2.4　力学性能分析与评价

为对比分析 Q690 高强度钢与 Q355 钢焊接 T 形连接的力学性能，设计了 12 个 Q355B 焊接 T 形连接试件 WT1～WT12，除钢材强度等级以及焊条采用 E50 不同外，其他参数与高强度钢试件完全相同。

1. 整体响应分析

1）单排螺栓试件破坏特征

焊接 T 形件连接的变形主要依靠板件与螺栓强度比及焊缝连接强度[6]。螺栓拉断及焊缝断裂均属于脆性破坏，试验中大部分试件翼缘板弯曲变形后，在焊趾附近的屈服线位置发生不同程度的钢板撕裂破坏，仅个别试件由于螺栓拉断或螺母脱落而破坏。在拉伸荷载作用下，高强度螺栓与翼缘板之间的相互作用机制见图 5-9，高强度螺栓与翼缘板间相互挤压产生弯曲和剪切变形。

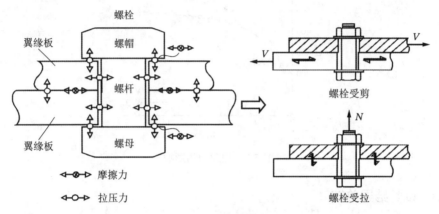

图 5-9　T 形件连接翼缘与螺栓相互作用机制

根据试验过程记录及加载曲线，力控制加载的三个阶段均无明显现象，焊缝完好，连接面紧密接触，试件处于弹性工作状态。进入位移控制阶段后，翼缘板接触面之间的缝隙缓慢增大，大部分试件在翼缘板焊趾附近理论屈服线位置首先屈服，并在该位置出现裂纹。进入破坏阶段后，随螺栓直径、强度等级以及 T 形件尺寸的变化，试件呈现出不同的破坏形式。

第 1 组试件中，如图 5-10（a）、（b）所示，试件 WT1 产生一种混合破坏模式，即试件螺栓断裂的同时，翼缘板焊趾处有明显裂缝；而 HWT1 试件以螺母滑移为极限破坏形式，翼缘板焊趾处并未发现明显的裂缝等特征。如图 5-10（c）～（f）所示，试件 WT2 和 HWT2 以及 WT3 和 HWT3 均仅发生焊趾处翼缘板断裂破坏，由图可知 Q355 普通钢试件翼缘板产生较大的内凹变形，螺栓孔处的垫片和翼缘板有明显压痕；Q690 高强度钢试件在翼缘板焊趾处明显呈脆性断裂，断口处颈缩现象不明显，表明 Q690 高强度钢翼缘板塑性变形能力较差。

第 2 组试件中，WT4 和 HWT4 试件的破坏模式均为混合破坏，如图 5-10（g）、（h）所示，破坏后，由于高强度螺栓与翼缘板螺孔间的相互挤压等作用，导致螺栓孔呈椭圆形。该种破坏模式下，高强度钢试件的塑性弯曲变形能力仍然较小。由于焊接缺陷等的影响，如图 5-10（i）所示，WT5 试件发生焊缝断裂破坏；与 WT5 试件不同，HWT5 试件发生焊趾处翼缘板断裂破坏，如图 5-10（j）所示，焊趾处没有明显的塑性变形等特征。试件 WT6 和 HWT6 均发生焊趾处翼缘板断裂破坏，如图 5-10（k）、（l）所示，除塑性变形能力不同外，两者的破坏模式基本一致。

第 3 组试件中，如图 5-10（m）、（n）所示，WT7 和 HWT7 试件分别发生焊缝断裂和焊趾处翼缘板断裂破坏。如图 5-10（o）、（p）所示，试件 WT8 和 HWT8 具有较大的翼缘板跨度，WT8 试件由于过大的弯曲变形，超出了 MTS 试验仪器作动器的行程，因此无法获得其极限破坏状态，而试件 HWT8 发生焊趾处翼缘板断裂破坏，高强度钢试件的塑性变形能力显著减小。其余试件的破坏模式如图 5-10（q）～（t）所示，极限条件下由于普通钢试件具有较大的弯曲变形能力，根据试验记录，普通钢试件比高强度钢试件中的高强度螺栓承受更大的外荷载，因此 WT9 和 WT10 试件发生螺栓破坏，而 HWT9 和 HWT10 试件仅发生焊趾处翼缘板断裂破坏[7]。

(a) 试件 WT1，混合破坏　　(b) 试件 HWT1，螺母滑移　　(c) 试件 WT2，翼缘断裂　　(d) 试件 HWT2，翼缘断裂

(e) 试件 WT3，翼缘断裂　　(f) 试件 HWT3，翼缘断裂　　(g) 试件 WT4，混合破坏　　(h) 试件 HWT4，混合破坏

(i) 试件 WT5，焊缝断裂　　(j) 试件 HWT5，翼缘断裂　　(k) 试件 WT6，翼缘断裂　　(l) 试件 HWT6，翼缘断裂

(m) 试件 WT7，焊缝断裂　　(n) 试件 HWT7，翼缘断裂　　(o) 试件 WT8，未破坏　　(p) 试件 HWT8，翼缘断裂

  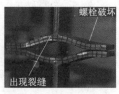 

(q) 试件 WT9，螺母滑移　(r) 试件 HWT9，翼缘断裂　(s) 试件 WT10，混合破坏　(t) 试件 HWT10，翼缘断裂

图 5-10　未加劲试件破坏模式

2）双排螺栓试件破坏特征

双排螺栓试件的破坏模式基本与单排螺栓试件一致，不同的是对于双排螺栓加劲试件，由于加劲一侧试件的承载力远高于未加劲一侧，未加劲侧翼缘板焊趾附近的理论屈服线位置首先屈服，并出现裂纹，而加劲侧焊缝及翼缘板焊趾处均未发现明显的裂纹。进入破坏阶段后，试件翼缘板间的缝隙迅速增大。如图 5-11（a）所示，试件 WT11 产生螺母脱落破坏，同时翼缘板焊趾处产生明显裂缝。图 5-11（b）、（d）表明试件 HWT11 和 HWT12 均发生翼缘板焊趾处断裂破坏，试件在未加劲侧产生明显的裂缝，裂缝深度接近翼缘板厚度的一半，试件将发生未加劲侧翼缘板焊趾处断裂破坏。由图 5-11（c）、（d）可知，WT12 试件在加劲处翼缘板面之间有明显的塑性残余变形，HWT12 试件则未发现明显残余变形，根据试验记录，该处翼缘板仍处于弹性状态，说明高强度钢的弹性变形能力较强。

 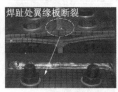  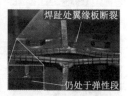

(a) 试件 WT11，　　　(b) 试件 HWT11，　　　(c) 试件 WT12，未加劲　(d) 试件 HWT12，未加劲
螺母脱落破坏　　　焊趾处断裂　　　　侧焊趾处断裂破坏　　侧焊趾处断裂破坏

图 5-11　加劲试件破坏模式

综上所述，两种钢材焊接 T 形连接的破坏模式基本一致。结果表明 Q690 高强度钢焊接 T 形连接的塑性变形能力较差，破坏后焊趾处翼缘板未发现明显的颈缩现象；当 T 形件连接仅为焊趾处翼缘板断裂破坏时，对于 Q355 普通钢焊接 T 形连接，破坏模式为延性破坏，对 Q690 高强度钢焊接 T 形连接则仍为脆性破坏。

2. 静力拉伸曲线特征

图 5-12 给出了 T 形件连接承载力随螺栓规格、e/d 值以及加劲肋等参数变化的试验曲线，由图可知，大部分 Q355 普通钢试件破坏前的荷载-位移曲线较光滑，翼缘板变形随荷载连续增加，表明试件具有良好的塑性变形能力。Q690 高强度钢试

件破坏前，随试件翼缘板焊趾处出现局部裂缝，荷载-位移曲线出现明显的荷载振荡（承载力先突降后突增）现象，局部脆断特征明显。图 5-12（a）阐明了螺栓直径对 T 形连接整体响应的影响，若以 T 形连接的最大位移来衡量连接的变形能力，由图 5-12（a）可知，随螺栓直径的增加，两种钢材试件的抗拉能力和变形能力均呈增加趋势，主要原因为增加螺栓直径对连接翼缘板的约束作用更强，提高了 T 形连接的承载能力，连接的变形主要以翼缘板的弯曲变形为主，变形能力较好。而由图 5-12（b）可知，随螺栓直径的增加，高强度钢试件的变形能力出现降低趋势，普通钢试件的变形能力仍出现增加趋势，主要与翼缘板钢材塑性变形能力以及翼缘板有效跨度等因素有关。图 5-12 说明，降低螺栓强度等级，并不能明显增加 Q690D 高强度钢焊接 T 形连接的变形能力。

　　除螺栓直径及强度等级外，翼缘板尺寸 e/d 对 T 形件连接的受力性能影响较大，由图 5-12（c）可知，随 e/d 值增加，两种钢材试件的承载能力均增大，变形能力降低。主要原因为 e/d 值增大，T 形件连接翼缘板的有效跨度降低。当 $e/d \geqslant$ 1.5 时，两种钢材 T 形件连接的承载能力均基本保持不变，如 Q355 普通钢试件 WT9 和 WT10 的试验加载曲线基本重合。对于 Q690 高强度钢试件，HWT10 比 HWT9 试件较早发生翼缘板焊趾处断裂破坏，破坏前的加载曲线与 HWT9 试件的基本重合。因此可以得出结论：当 $e/d \geqslant 1.5$ 时，可以忽略其对高强度钢焊接 T 形件连接承载能力的影响。通过试验发现，当 $e/d = 1.5$ 时，Q690 高强度钢试件的变形能力较大，同时具有较高的承载能力。加劲肋的存在可以提高连接的承载能力。如图 5-12（d）所示，在翼缘板一侧布置加劲肋后，Q690 高强度钢加劲试件在未加劲侧发生翼缘板断裂破坏，加劲后试件的承载力增大，而变形能力降低。WT11 试件的变形能力较小的主要原因是：该试件发生翼缘板断裂之前出现螺母脱落现象，导致试验提前终止。

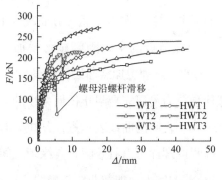

(a) 8.8 级高强度螺栓的影响

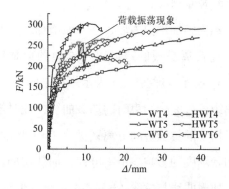

(b) 10.9 级高强度螺栓的影响

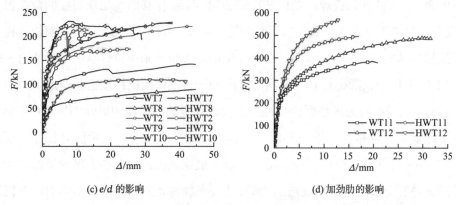

(c) e/d 的影响　　　　　　(d) 加劲肋的影响

图 5-12　荷载-位移曲线

Q355 钢 T 形连接试件的主要力学指标计算结果见表 5-4。

Q355 钢 T 形连接试件的主要力学指标　　　表 5-4

试件编号	F_K/kN	F_R/kN	$F_{R,exp}$/kN	F_{max}/kN	$k_{e,exp}$/ (kN·m⁻¹)	$k_{p-y,0}$/ (kN·m⁻¹)	$k_{e,exp}/k_{p-y,0}$	Δ_p/mm	Δ_u/mm	φ
WT1	97	147	143.29	190.05	67.61	1.661	40.70	2.04	32.94	16.15
WT2	98	162	157.71	220.25	161.50	1.635	98.78	0.92	43.70	47.50
WT3	109	177	163.15	238.93	129.30	2.644	48.90	1.32	41.67	31.57
WT4	96	154	141.39	198.92	99.95	2.686	37.21	1.50	25.70	17.13
WT5	75	190	176.25	267.72	188.10	2.521	74.61	1.04	39.70	38.17
WT6	119	201	192.01	289.50	182.40	3.963	46.03	1.09	41.35	37.94
WT7	81	100	97.73	140.89	51.75	2.218	23.33	1.78	43.64	24.52
WT8	37	66	62.61	—	25.52	0.639	39.94	2.29	—	—
WT9	109	170	163.80	227.35	131.30	2.148	61.13	1.26	34.78	27.60
WT10	107	170	166.06	229.11	189.80	1.952	97.23	0.90	37.90	42.11
WT11	183	280	268.01	384.21	261.30	7.181	36.39	1.14	19.75	17.32
WT12	202	380	350.60	—	286.90	5.160	55.60	1.24	—	—

注：表中 F_K、F_R 以及 $F_{R,exp}$ 等参数分别与高强度钢试件的 F'_K、F'_R 以及 $F'_{R,exp}$ 等相对应。

3. 初始刚度

螺栓施加预拉力后，一方面增加了 T 形件连接的初始刚度，另一方面改变了 T 形件连接翼缘板的跨度以及周边约束情况，导致节点的初始刚度显著增加。如图 5-13 所示，虚线（a）表示螺栓未施加预拉力的节点理想加载曲线；虚线（b）表示翼缘板被完全约束时的加载曲线，此时螺栓预拉力可以完全阻止任何大小的外荷载作用下的翼缘板间分离；虚线（a）和虚线（b）之间的曲线表示螺栓预拉力对节点初始刚度的影响。由图可知，加载初期，高强度螺栓可以有效阻止翼缘板之间分离，加载曲线与虚线（b）基本重合，但随着荷载的增大，加载曲线与虚线（b）分离，分离时荷载的大小与螺栓预拉力的大小有关。图 5-14 给出了试验第二阶段荷载位移卸载曲线。从图中可以看出：（1）随外荷载的增加，当 T 形件克服螺栓对翼缘板间的预压效应后，螺栓预拉力无法阻止翼缘板间的分离，导致节点的初始刚度出现降低趋势；（2）施加螺栓预拉的高强度钢 T 形件连接的初始刚度与其极限弹性变形能力有关。

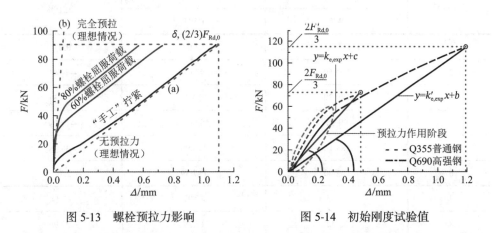

图 5-13　螺栓预拉力影响　　　　　图 5-14　初始刚度试验值

Q690 钢和 Q355 钢试件的初始刚度见表 5-5。由表可知，大部分 Q690 高强度钢 T 形件连接的初始刚度小于 Q355 普通钢材，主要原因如图 5-14 所示。EC 3 规范将节点的初始刚度定义为当外荷载小于 $(2/3)F_{Rd,0}$ 时的割线刚度。当 T 形件连接的弹性极限由翼缘板屈服控制时，高强度钢的弹性变形能力较强，Q690 高强度钢 T 形件连接的弹性极限荷载 $[(2/3)F_{Rd,0}]$ 显著高于 Q355 普通钢材，因此不等式 $k_0 \leqslant k'_{e,exp} \leqslant k_{e,exp}$ 成立，其中 k_0、$k'_{e,exp}$ 和 $k_{e,exp}$ 分别表示未施加螺栓预拉力的高强度钢、施加预拉力的高强度钢和普通钢 T 形件连接的初始刚度。由表 5-5 可知，Q690 高强度钢 T 形件连接的初始刚度比 Q355 普通钢试件的初始刚度降低约 3%～46%。当 T 形件连接的弹性极限由高强度螺栓强度控制时，高强度钢与普通钢 T 形件连接的弹性极限荷载基本相同，因此 $k'_{e,exp} \approx k_{e,exp}$，WT1 和 HWT1 试件的初始刚度基本相同。

此外，对于 Q690 高强度钢 T 形连接，加载过程中的螺栓弯曲效应可能比 Q355 普通钢试件更显著。采用 M20 高强度螺栓连接的试件，即 HWT2 比 WT2、HWT5 比 WT5 以及 HWT10 比 WT10 试件的初始刚度分别降低约 41%、38%以及 46%，降低程度显著。主要原因为钢材强度等级提高，节点的弹性极限荷载 $2F_{Rd,0}/3$ 显著增大。当螺栓的轴向刚度与翼缘板抗弯刚度之比达到一定值时，连接高强度钢翼缘板的螺栓弯曲效应突增，导致高强度钢节点的初始刚度进一步降低。而比值过大或过小时，螺栓弯曲效应对节点的初始刚度影响均较小。如 WT6 与 HWT6 试件初始刚度基本相同，主要原因是 10.9 级 M24 高强度螺栓预拉力较大，导致节点翼缘板的周边约束条件接近固接，螺栓弯曲效应影响较小。

初始刚度　　　　　　　　　　　　　　　　　表 5-5

试件编号	$k_{e,exp}$/（kN/mm）	$k'_{e,exp}$/（kN/mm）	差值/%
	WT	HWT	
1	67.61	67.67	0.09
2	161.50	94.63	−41.41
3	129.30	110.80	−14.31
4	99.95	82.67	−17.29
5	188.10	115.90	−38.38
6	182.40	187.39	2.74
7	51.75	49.97	−3.44
8	25.52	17.89	−29.90
9	131.30	98.32	−25.12
10	189.80	102.80	−45.84
11	261.30	243.95	−6.64
12	286.90	258.49	−9.90

注：差值(%) = $(k'_{e,exp} - k_{e,exp})/k_{e,exp} \times 100\%$。

4. 塑性承载力

图 5-15 给出了 Q690 高强度钢与 Q355 普通钢试件承载力随螺栓规格及 e/d 值变化的趋势线，由图 5-15 和表 5-5 可知，Q690 高强度钢试件的塑性承载力比 Q355 普通钢试件提高约 24%～66%。其中 HWT1 试件的塑性承载力仅比 WT1 试件提高 7%，主要原因是 HWT1 试件较早发生螺栓滑移破坏，导致其塑性承载力偏低。当 T 形件连接的塑性承载力由翼缘板焊趾处塑性铰强度控制时，Q690 高强度钢试件的塑性承载力显著高于 Q355 普通钢试件，如 HWT8 试件的塑性承载力比 WT8 试件提高 66%。而从图 5-15（c）可以看出，当 $e/d > 1.0$ 时，Q690 高强度钢与 Q355 普通钢试件的塑性承载力基本保持不变。对比两种钢材双排螺栓试件，HWT11 试件的塑性承载力比 WT11 试件提高 54%，增幅较大的原因是 WT11 试件较早发生螺母脱落现象，导致其塑性承载力偏低。HWT12 试件的塑性承载力比 WT12 试件增加 28%，说明高强度钢试件具有较高的塑性承载能力。

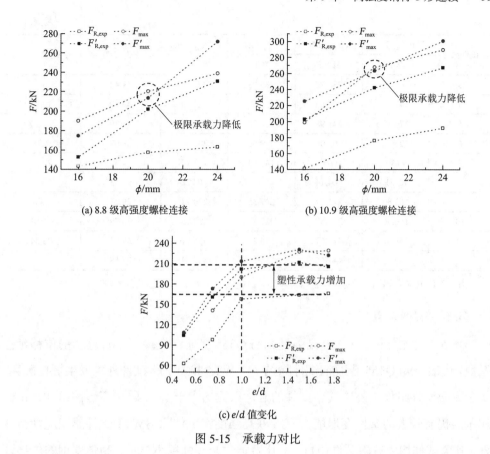

(a) 8.8 级高强度螺栓连接　　　　　　(b) 10.9 级高强度螺栓连接

(c) e/d 值变化

图 5-15　承载力对比

5. 极限抗拉承载力

试件极限抗拉承载力列于表 5-6，结合图 5-15 可知，与高强度钢试件塑性承载能力优越的现象不同，其极限承载能力并没有明显提高，反而出现极限承载力降低的现象（如 HWT5、HWT10 试件）。不考虑仅螺栓发生破坏的试件 WT1 和 HWT1，高强度钢试件的极限承载力仅比普通钢试件的提高约 1%～29%。这可能与高强度钢焊接 T 形件连接的延性及钢材的强屈比较低有关。相关研究表明，铰链效应可显著提高节点的极限承载能力，由于普通钢材具有较高的延性和强屈比，连接破坏前铰链效应可充分发展，提高连接的极限承载能力。而高强度钢延性较差且强屈比较低，铰链效应出现前，高强度钢焊接 T 形件连接产生一定的弯曲变形后即发生破坏，连接的极限承载能力相对较差。

极限抗拉承载力　　　　　　　　　　表 5-6

试件编号	$F_{R,exp}$/kN	$F'_{R,exp}$/kN	F_{max}/kN	F'_{max}/kN	差值 1/%	差值 2/%
	WT	HWT	WT	HWT		
1	143.29	152.75	190.05	174.67	6.60	−8.09
2	157.71	201.84	220.25	213.42	27.98	−3.10

试件编号	$F_{R,exp}$/kN	$F'_{R,exp}$/kN	F_{max}/kN	F'_{max}/kN	差值 1/%	差值 2/%
	WT	HWT	WT	HWT		
3	163.15	230.76	238.93	271.49	41.44	13.63
4	141.39	202.88	198.92	225.19	43.49	13.21
5	176.25	241.98	267.72	263.25	37.29	−1.67
6	192.01	267.06	289.50	300.44	39.09	3.78
7	97.73	160.60	140.89	173.16	64.33	22.90
8	62.61	104.14	—	108.26	66.33	—
9	163.80	211.74	227.35	230.71	29.27	1.48
10	166.06	205.57	229.11	222.25	23.79	−2.99
11	268.01	413.67	384.21	495.01	54.35	28.84
12	350.60	447.65	—	568.64	27.68	—

注：差值 1(%) = $(F'_{R,exp} - F_{R,exp})/F_{R,exp} \times 100\%$；差值 2(%) = $(F'_{max} - F_{max})/F_{max} \times 100\%$。

6. 位移延性系数

表 5-7 对比分析了 Q690 高强度钢与 Q355 普通钢焊接 T 形件连接的位移延性系数。由表可知 Q355 普通钢试件除 WT1、WT4 和 WT11 试件外均发生螺栓破坏，属于有限延性组件之外，其余试件的延性系数均大于 20，属于高延性组件，试件屈服后仍有较大的塑性变形能力。Q690 高强度钢试件除 HWT1 试件属于脆性组件外，其余试件均为有限延性组件。对比普通钢与高强度钢试件，高强度钢的位移延性系数仅为普通钢试件的 0.12～0.52 倍左右，表明高强度钢焊接 T 形件连接的延性显著降低。

位移延性系数 表 5-7

试件编号	φ	φ'	φ'/φ
	WT	HWT	
1	16.15	1.94	0.12
2	47.50	6.27	0.13
3	31.57	8.88	0.28
4	17.13	8.46	0.49
5	38.17	8.78	0.23
6	37.94	9.98	0.26
7	24.52	8.68	0.35
8	—	7.55	—
9	27.60	13.89	0.50
10	42.11	8.05	0.19
11	17.32	9.08	0.52
12	—	8.12	—

5.3　理论分析

5.3.1　初始刚度方程

1. EC 3 规范刚度方程

在弹性阶段，连接节点的刚度和弹性模量控制着节点的整体行为。为方便设计，EC 3 规范未考虑螺栓预拉的影响，单个 T 形件翼缘板的抗弯刚度为：

$$k_{e,T} = \frac{Eb'_{eff}t_f^3}{m^3} \tag{5-1}$$

式中：E 表示钢材弹性模量；b'_{eff} 表示用于计算 T 形件初始刚度的有效宽度；t_f 表示 T 形件翼缘板厚度。

对应的螺栓轴向刚度为：

$$k_{e,b} = 1.6\frac{EA_b}{L_b} \tag{5-2}$$

式中：A_b 表示螺栓有效受拉面积；系数 1.6 近似地考虑了螺栓撬力对连接初始刚度的影响；L_b 为螺栓的有效计算长度，其表达式为：

$$L_b = 2t_f + 2t_{wsh} + 0.5(t_n + t_h) \tag{5-3}$$

式中：t_{wsh}、t_h 和 t_n 分别为垫片、螺帽和螺母厚度。

整个 T 形件连接的初始刚度可表示为：

$$k_{e,0} = \frac{1}{\dfrac{2}{k_{e,T}} + \dfrac{1}{k_{e,b}}} \tag{5-4}$$

2. Faella 刚度方程

图 5-16 给出了螺栓预拉对连接初始刚度的影响规律。由图 5-16 可知，当螺栓预拉力为零时，节点的初始刚度为 K_0；当螺栓预拉力为螺栓屈服强度 σ_y 的 80% 时，连接的初始刚度为 K_1；螺栓预拉力介于两者之间时，连接的初始刚度为[8]：

$$K_\eta = \frac{K_1}{\eta + (1 - \eta)\dfrac{K_1}{K_0}} \tag{5-5}$$

式中：η 表示螺栓实际预拉强度与 80% σ_y 之比。当 $\eta = 1$ 时，螺栓预拉强度为 80% σ_y。式(5-5)和图 5-16 均表明，螺栓预拉强度越大，T 形件连接的初始刚度越大，即 $K_1 > K_\eta > K_0$。主要原因有两方面。

（1）如果将螺栓与所连接的板件考虑为一个整体（栓板系统），螺栓预拉会使连接的初始刚度增加。预拉导致螺栓轴向刚度增加，施加预拉力的螺栓轴向刚度 $k_{e,bp}$ 与未施加预拉力的螺栓轴向刚度 $k_{e,b}$ 之间的关系为：

$$\frac{k_{e,bp}}{k_{e,b}} = 4.10 + 3.25 \frac{t_f}{d_b} \tag{5-6}$$

（2）螺栓预拉的存在影响 T 形件连接计算跨度及翼缘板周边的约束情况，这需要通过翼缘的弯曲刚度与螺栓轴向刚度的比值 β 确定[9]，即：

$$\beta = \frac{t_f}{d_b \sqrt{\alpha}} \tag{5-7}$$

式中：参数 α 定义为 m/d_b，d_b 为螺栓直径。

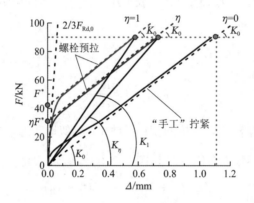

图 5-16　螺栓预拉力的影响

当 T 形件连接翼缘板较厚时，可以将 T 形件连接视为一个简支梁模型 [图 5-17（a）]，翼缘板简支于螺栓轴线处，此时 T 形件连接翼缘板的轴向刚度为 $0.5k_{e,T}$。当 T 形件连接翼缘板较薄时，螺栓预拉可以有效防止翼缘板间分离，此时可以将 T 形件连接视为两端固定的梁模型，固定端位于螺帽边缘 [图 5-17（c）]，对应的 T 形件连接翼缘对连接初始刚度的贡献的算式为：

$$k_{e,T} = \frac{2Eb'_{eff} t_f^3}{\left(m - \dfrac{d_h}{2} \right)^3} \tag{5-8}$$

很显然，T 形件连接的实际工作状态介于上述两种情况之间 [图 5-17（b）]，对应 T 形件连接翼缘的初始刚度为：

$$k_{e,T} = \psi \frac{0.5Eb'_{eff} t_f^3}{m^3} \tag{5-9}$$

式中：ψ 为考虑 T 形件连接翼缘板周边约束情况的系数，其值随着 β 的减小而增加。假定 T 形件连接的初始刚度理论值与试验值相等（螺栓预拉强度为 80% σ_y，外荷载达到 T 形连接弹性极限能力 $2F_{Rd,0}/3$ 时的割线刚度）。通过线性回归分析确定了两者之间的关系，系数 ψ 计算式为：

$$\psi = 0.57\beta^{-1.28} \tag{5-10}$$

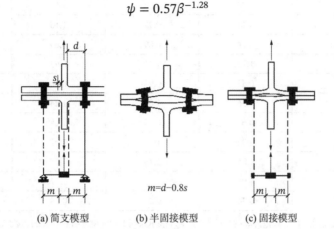

(a) 简支模型   (b) 半固接模型   (c) 固接模型

图 5-17 等效 T 形件边界模型

5.3.2 试验与理论计算结果对比

对于 Q355 普通钢焊接 T 形件连接，EC 3 规范和 Faella 刚度方程预测的连接初始刚度平均分别约为试验值的 0.99 和 1.12 倍，表明两种方法均可较好地预测普通钢 T 形连接的初始刚度。此外，由表 5-8 可知，采用 Faella 刚度方程预测的连接初始刚度比 EC 3 规范更可靠，数值离散性较小。对比方程发现 EC 3 规范刚度公式将 Faella 刚度方程中的系数 ψ 统一取为 2.0，说明近似考虑了螺栓预拉力以及螺栓弯曲效应等对 T 形件连接刚度的影响，这样虽然简化了计算过程，但是当翼缘板受约束的程度接近简支和固接两种情况时，这种简化带来的误差较大。如采用 EC 3 规范计算的 WT1 试件的初始刚度比试验值高约 73%，WT8 试件的初始刚度比试验值降低约 43%。而采用 Faella 刚度方程时，WT1 试件的初始刚度理论值比试验值高约 71%，WT8 试件的初始刚度理论值比试验值仅降低约 4%。说明 Faella 刚度方程可较好地预测 Q355 普通钢 T 形件连接翼缘板受约束程度为近固接和介于简支和固接的情况，即半固接情况，但对于翼缘板受约束程度接近简支的情况仍需改进。

初始刚度预测值与试验值对比 表 5-8

试件编号	$k_{e,0}/k_{e,exp}$	$k_{e,1}/k_{e,exp}$	$k_{e,0}/k'_{e,exp}$	$k_{e,1}/k'_{e,exp}$
	WT	WT	HWT	HWT
1	1.73	1.71	1.86	1.90
2	0.73	0.80	1.34	1.55

试件编号	$k_{e,0}/k_{e,exp}$	$k_{e,1}/k_{e,exp}$	$k_{e,0}/k'_{e,exp}$	$k_{e,1}/k'_{e,exp}$
	WT	WT	HWT	HWT
3	1.27	1.46	1.18	1.51
4	1.24	1.22	1.51	1.55
5	0.71	0.77	1.15	1.31
6	0.74	0.89	0.69	0.89
7	1.11	1.41	0.95	1.32
8	0.57	0.96	0.70	1.27
9	0.96	1.06	1.24	1.27
10	0.67	0.73	1.25	1.44
11	0.92	1.02	1.02	1.18
12	1.25	1.46	1.25	1.56
平均值	0.99	1.12	1.17	1.40
变异系数	0.34	0.29	0.28	0.18

注：$k_{e,0}$ 表示采用 EC 3 规范计算的初始刚度；$k_{e,1}$ 表示采用 Faella 刚度方程计算的初始刚度。

对于高强度钢焊接 T 形件连接，由表 5-8 可知，EC 3 规范明显高估了高强度钢焊接 T 形件连接的初始刚度，平均高估近 17%。主要原因可能为 EC 3 刚度方程是基于对普通钢连接节点的研究成果之上提出的，高强度钢 T 形连接可能超出了 EC 3 规范建议的适用范围。根据试验研究结果，由于高强度钢 T 形件翼缘板受约束程度较弱，Q690 高强度钢焊接 T 形件连接的初始刚度一般低于 Q355 普通钢材，如采用 Faella 刚度方程预测的普通钢 T 形件连接的初始刚度比试验值平均高约 12%，而比高强度钢 T 形连接的初始刚度试验值高达 40%。

5.3.3 螺栓弯曲效应的影响分析

除螺栓预拉力外，Q690 高强度钢 T 形件连接中高强度螺栓的弯曲变形可能比 Q355 普通钢 T 形件连接更显著，主要原因为：当 T 形连接的弹性极限由翼缘板屈服控制时，Q690 高强度钢 T 形件连接的弹性极限 $2F_{Rd,0}/3$ 显著高于 Q355 普通钢，高强度钢 T 形件连接中高强度螺栓受到的反作用力较大，可能引起更大螺栓弯曲变形。然而 EC 3 规范中的初始刚度计算方法忽略了螺栓弯曲变形的影响。

1.考虑螺栓弯曲变形的节点初始刚度简化算法

Jaspart 等[10]将 T 形件连接分为单个 T 形组件和高强度螺栓两部分，采用梁模型对该种连接件的初始刚度进行了理论分析。对于单个 T 形组件，假定 $n = 1.25m$，$A_b \approx \infty$，忽略螺栓的变形能力。对于高强度螺栓组件，为了考虑螺栓撬力的影响，螺栓力由 0.5F 增加到 0.63F，仅考虑其轴向变形，给出了该种连接件的初始刚度计算方法，被 EC 3 规范所采用。Loureio[11]和 Reinosa[12]等基于等效框架模型对 T 形件连接的初始刚度进行了理论研究，给出了该种连接件的初始刚度计算方法，但该方法形式较复杂，不适用于设计。基于 Jaspart 方法及等效框架模型，本节提出考虑螺栓弯曲变形对 T 形件连接初始刚度影响的简化计算方法，T 形件连接计算简图如图 5-18 所示。

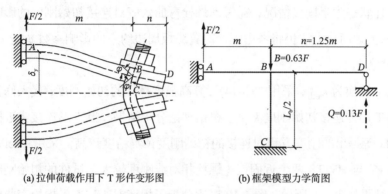

(a) 拉伸荷载作用下 T 形件变形图　　　　(b) 框架模型力学简图

图 5-18　T 形件力学模型及变形图

根据图 5-18（a）、（b）所示的计算简图，假定螺栓轴向力为 0.63F、撬力为 0.13F 时相应的转角为 φ［如图 5-18（a）］，根据位移法可得下式：

$$M_{BC} = \frac{0.0875Fm}{\left(1 + \frac{3.4L_b I}{8I_b m}\right)} = \frac{4EI_b}{(L_b/2)}\varphi \tag{5-11}$$

由式(5-11)可得：

$$\varphi = \frac{0.0875FmL_b}{\left(8EI_b + \frac{3.4EIL_b}{m}\right)} \tag{5-12}$$

将螺栓变形分为轴向变形和弯曲变形两部分，运用叠加原理，则 T 形件连接的腹板位置竖向位移为：

$$\delta_y = \delta_t + \delta_m = \frac{0.63FL_b}{2EA_b} + \frac{0.0875Fm^2L_b}{8EI_b + \frac{3.4EIL_b}{m}} \tag{5-13}$$

式中：δ_t、δ_m 分别表示由于螺栓轴向及弯曲变形引起的 T 形件连接竖向位移，则螺栓变形对 T 形件连接初始刚度的贡献可以采用下式：

$$k'_{e,b} = \frac{F/2}{\delta_y} = \frac{F/2}{\frac{0.63FL_b}{2EA_b} + \frac{0.0875Fm^2L_b}{8EI_b + \frac{3.4EIL_b}{m}}} = \frac{E}{\frac{0.63L_b}{A_b} + \frac{m^2}{\gamma}} \tag{5-14}$$

式中：$I_b = \frac{0.608\pi d_b^4}{64}$ 表示高强度螺栓截面惯性矩，翼缘板有效宽度仍取为 b'_{eff}；

A_b 为高强度螺栓有效面积，$A_b = \dfrac{0.78\pi d_b^2}{4}$；$\gamma$ 为连接的刚度系数，$\gamma = 45.714\dfrac{I_b}{L_b} + 19.429\dfrac{I}{m}$。

式(5-14)表明，螺栓的弯曲变形与 T 形件连接翼缘板线刚度 I/m 和螺栓线刚度 I_b/L_b 有关。当螺栓直径 d_b 趋于无穷大时，$k'_{e,b}$ 趋于无穷大，此时 T 形件连接翼缘板受约束程度为理想固接情况，反之为理想铰接情况。这两种理想情况下，可以忽略高强度螺栓的弯曲效应对 T 形件连接初始刚度的影响。然而由于大部分 T 形件连接的实际工作状态为半固接情况，需考虑螺栓弯曲效应对连接初始刚度的影响。值得注意的是，上述简化方法仍将考虑螺栓对翼缘板周边约束的影响参数 ψ 统一取为2.0（半固接状态）。

将 $k_{e,b}$ 替换为 $k'_{e,b}$，采用式(5-14)计算高强度螺栓的初始刚度，代入修正后的方程，得出 T 形件连接初始刚度 $k_{e,M}$。根据理论分析结果，当 T 形连接为近固接状态时，Faella 等提出的刚度方程对连接的初始刚度预测精度较高。采用 Faella 刚度方程对 HWT7 与 HWT8 两个近固接（螺栓相对线刚度较大）试件的初始刚度进行修正，计算结果如表5-9所示。图5-19对比分析了规范方法和考虑螺栓弯曲效应的初始刚度简化计算方法与试验值间的关系，说明考虑螺栓弯曲效应后，节点初始刚度预测值与试验值吻合较好，变异系数减小，方程可靠度提高。图5-20对比分析了螺栓弯曲效应对连接初始刚度的影响，由图可知，随螺栓直径增加，螺栓弯曲效应对连接初始刚度的影响减小。如采用 10.9 级 M16 高强度螺栓连接的试件，螺栓弯曲效应对 T 形件连接初始刚度的贡献约为14%；而采用 M24 高强度螺栓连接的试件，贡献仅为7%。

修正初始刚度　　　　　　　　　　　　　表 5-9

试件编号	$k'_{e,0}/$（kN/mm）	$k'_{e,M}/$（kN/mm）	$k'_{e,exp}/$（kN/mm）	$k'_{e,0}/k'_{e,exp}$	$k'_{e,M}/k'_{e,exp}$
HWT1	126.04	108.50	67.67	1.86	1.60
HWT2	126.66	113.91	94.63	1.34	1.20
HWT3	130.93	122.24	110.80	1.18	1.10
HWT4	124.49	106.57	82.67	1.51	1.29
HWT5	133.62	119.15	115.90	1.15	1.03
HWT6	130.10	120.62	187.39	0.69	0.64
HWT7	47.29	56.89	49.97	0.95	1.14
HWT8	12.44	20.08	17.89	0.70	1.12
HWT9	121.76	115.62	98.32	1.24	1.18
HWT10	128.67	115.62	102.80	1.25	1.12
平均值				1.19	1.14
变异系数				0.30	0.21

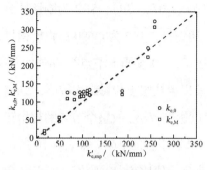 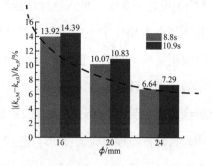

图 5-19　预测值与试验值对比　　　　图 5-20　螺栓弯曲影响（HWT1~HWT6）

2. 组件法应用分析

根据梁柱节点受力特性，整个节点均可分为三个不同的区域：受拉区、受压区和受剪区。EC 3 规范组件法认为，任意节点在荷载作用下的承载机制均可由一系列独立的基本组件构成。T 形件连接在组件模型中的组成如图 5-21 所示，其中受拉区主要组件包括：（1）cwt，表示柱腹板受拉；（2）cfb，表示柱翼缘受弯；（3）epb，表示端板受弯；（4）bt，表示螺栓受拉；（5）bwt，表示梁腹板受拉。受压区主要组件包括：（1）cwc，表示柱腹板受压；（2）bfc，表示梁翼缘和腹板受压。受剪区主要组件包括 cws，表示柱腹板受剪。在计算节点初始转动刚度时，首先求出每排螺栓对应的每个组件的刚度系数，然后利用各组件的串、并联关系，确定节点的初始转动刚度：

$$S_{\mathrm{j}} = \frac{Ez^2}{\mu \sum_i \dfrac{1}{k_i}} \tag{5-15}$$

式中：S_{j} 表示节点的转动刚度；E 表示钢材弹性模量；z 表示力臂；k_i 表示第 i 个组件的刚度系数；μ 表示刚度比 $S_{\mathrm{j,ini}}/S_{\mathrm{j}}$，$S_{\mathrm{j,ini}}$ 表示节点初始转动刚度，式(5-15) 中 $\mu = 1.0$ 时即为节点的初始转动刚度。

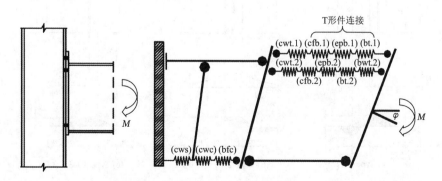

图 5-21　组件法：EC 3 规范计算外伸端板连接初始转动刚度时采用的力学模型和所激活的组件

　　文献[13]设计了 3 个齐平式螺栓端板连接节点，其中 SR1、SR2 为刚性柱节点，二者主要不同点为 SR1 节点的端板为 Q355 普通钢材，SR2 为 Q690 高强度钢材，均可忽略柱腹板受拉（cwt）、受剪（cws）和受压（cwc）变形对节点初始刚度的影响。由于期望最先发生破坏的部位是端板或螺栓，所以梁柱腹板和翼缘均较厚，变形较小，因此梁翼缘和腹板受压（bfc）对节点的初始刚度影响较小。故整个节点的初始转动刚度几乎均来自每排螺栓对应的 T 形件连接串、并联组合的贡献。如表 5-10 所示，采用 EC 3 规范计算的 SR1 和 SR2 节点初始刚度理论值比正向试验值分别高出 96%和131%。而考虑螺栓弯曲效应后，SR1 和 SR2 节点初始刚度的理论值比正向试验值分别高出 42%和65%，理论值比负向试验值分别高出 47%和55%。

初始刚度理论值与试验值对比　　　　　　　表 5-10

试件编号	加载方向	试验值[14]/（kN·m/rad）	理论值		比值	
			$S_{j,ini,EC3}$/（kN·m/rad）	$S_{j,ini,M}$/（kN·m/rad）	EC 3 规范值/试验值	本文方法/试验值
SR1	正向	46235	90592	65714.04	1.959	1.421
	负向	53425			1.696	1.230
SR2	正向	30319	70032	49958.73	2.310	1.648
	负向	36605			1.913	1.365

注：$S_{j,ini,EC3}$ 表示采用 EC 3 规范计算的节点初始转动刚度；$S_{j,ini,M}$ 表示采用修正方法计算的初始刚度。

5.3.4　塑性承载力方程

　　根据 EC 3 规范方法，T 形件连接主要存在三种破坏模式：（1）翼缘与腹板连接处和翼缘在螺栓轴线处屈服（Type-1）；（2）翼缘与腹板连接处屈服且螺栓断裂（Type-2）；（3）仅螺栓破坏（Type-3），如图 5-22 所示。

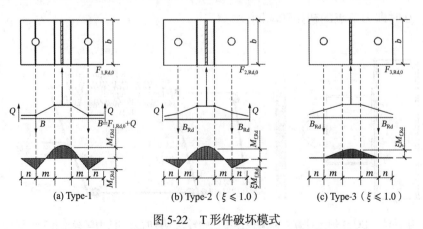

(a) Type-1　　　　　(b) Type-2（ξ ≤ 1.0）　　　　　(c) Type-3（ξ ≤ 1.0）

图 5-22　T 形件破坏模式

图 5-22 中，ξ 为 T 形件连接翼缘板实际受弯承载力与其塑性受弯承载力的比值，ξ ≤ 1.0 表示该处翼缘板未屈服。EC 3 规范给出了每种破坏模式下 T 形件连接的塑性承载力计算方法，对于第一种破坏模式，EC 3 规范采用式(5-16)和式(5-18)计算 T 形件连接的塑性承载力，主要不同点是：式(5-17)假定螺栓力集中作用于螺栓轴线处，而式(5-18)考虑了螺栓尺寸效应的影响，假定螺栓力均匀分布在垫片下，如图 5-23 所示。因此在塑性铰发展的起始阶段，翼缘板焊趾处塑性铰线与螺栓区域塑性铰线之间的距离就小于 m，相当于翼缘板跨度小于 $2m$，这种假定更接近实际情况，且承载力计算值比方法 1 要稍大，但更接近 T 形件连接的实际受力情况。第二、三种破坏模式的塑性承载力计算方法见式(5-19)和式(5-20)。

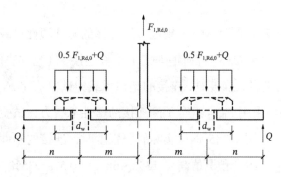

图 5-23　螺栓力均匀分布于垫片（或螺母）下

当 T 形件连接为第一种破坏模式（Type-1）时，

方法 1：

$$F_{1,\mathrm{Rd},0} = \frac{4M_{\mathrm{f,Rd}}}{m} \tag{5-16}$$

式中：$M_{\mathrm{f,Rd}}$ 表示翼缘板塑性铰抗弯承载力。

$$M_{\mathrm{f,Rd}} = \frac{1}{4} t_{\mathrm{f}}^2 f_{\mathrm{y,f}} b_{\mathrm{eff}} \tag{5-17}$$

式中：t_{f} 表示翼缘厚度；$f_{\mathrm{y,f}}$ 表示翼缘钢材的屈服强度；b_{eff} 表示用于计算 T 形件连接翼缘板塑性承载力的有效宽度。

方法 2：

$$F_{1,\mathrm{Rd},0} = \frac{(32n - 2d_{\mathrm{w}})M_{\mathrm{f,Rd}}}{8mn - d_{\mathrm{w}}(m + n)} \tag{5-18}$$

式中：m、n 为焊接 T 形件连接的几何参数；d_{w} 表示根据实际情况确定的螺母直径或垫片直径（当实际 T 形件使用螺栓垫片时，d_{w} 为螺栓垫片直径；当实际试件中未使用垫片时，d_{w} 为螺母直径；一般情况下两者相等）。

当 T 形件连接为第二种破坏模式（Type-2）时，

$$F_{2,\text{Rd},0} = \frac{2M_{\text{f,Rd}}}{m}\left[1 + \frac{(2 - \beta_{\text{Rd}})\lambda}{\beta_{\text{Rd}}(1 + \lambda)}\right] \tag{5-19}$$

式中：参数 $\lambda = n/m$，$\beta_{\text{Rd}} = (2M_{\text{f,Rd}})/(B_{\text{Rd}} \cdot m)$。

当 T 形件连接为第三种破坏模式（Type-3）时，

$$F_{3,\text{Rd},0} = 2B_{\text{Rd}} \tag{5-20}$$

式中：B_{Rd} 为考虑撬力 Q 影响的单个螺栓抗拉承载力，$B_{\text{Rd}} = 0.9f_{\text{u,b}}A_{\text{b}}$，$f_{\text{u,b}}$ 表示高强度螺栓的极限抗拉强度；T 形件的塑性承载力取三种破坏模式的最小值，即 $F_{\text{Rd},0} = \min\{F_{1,\text{Rd},0}, F_{2,\text{Rd},0}, F_{3,\text{Rd},0}\}$。

有效性分析

表 5-11 和表 5-12 为采用 EC 3 规范方法计算的试件塑性承载力与试验值的对比。由表 5-11 可知，对于 Q355 普通钢焊接 T 形件连接，规范方法预测结果较保守。当采用 Q355 钢材名义屈服强度时，连接的塑性承载力试验值比 $F_{\text{Rd},1}$ 组合计算值高约 37%～103%，即使采用 $F_{\text{Rd},2}$ 组合预测连接的塑性承载力，试验值仍比预测值平均高约 22%～64%；采用 Q355 钢材实际屈服强度时，连接的塑性承载力试验值分别比 $F_{\text{Rd},1}$ 组合和 $F_{\text{Rd},2}$ 组合预测值高约 13%～68% 和 0.5%～35%。当采用 Q690 高强度钢名义屈服强度时，高强度钢焊接 T 形件连接的塑性承载力试验值分别比 $F_{\text{Rd},1}$ 组合和 $F_{\text{Rd},2}$ 组合预测值高约 22%～64% 和 5%～31%；当采用 Q690 高强度钢材实际屈服强度时，试验值分别比 $F_{\text{Rd},1}$ 组合和 $F_{\text{Rd},2}$ 组合预测值高约 9%～44% 和 3%～15%，规范方法预测的高强度钢焊接 T 形件连接的塑性承载力似乎比普通钢焊接 T 形件的更精确。

普通钢焊接 T 形件连接塑性承载力　　　　　　表 5-11

编号	试验结果	名义值（实际值）		破坏模式	偏差 1/%	偏差 2/%
	$F_{\text{R,exp}}$	$F_{\text{Rd},1}$	$F_{\text{Rd},2}$			
WT1	143.29	90.45（109.48）	101.41（122.75）	混合破坏	58.42（30.88）	41.30（16.73）
WT2	157.71	90.84（109.95）	105.19（127.32）	板撕裂	73.61（43.44）	49.93（23.87）
WT3	163.15	102.47（124.03）	124.47（150.66）	板撕裂	59.22（31.54）	31.08（8.29）
WT4	141.39	93.31（112.94）	106.54（128.96）	混合破坏	51.53（25.19）	32.71（9.64）
WT5	176.25	94.89（114.86）	112.51（136.19）	焊缝脆断	85.74（53.45）	56.65（29.41）
WT6	192.01	94.68（114.61）	117.44（142.15）	板撕裂	102.80（67.53）	63.50（35.08）
WT7	97.73	71.24（86.25）	80.36（97.27）	焊缝脆断	37.18（13.31）	21.62（0.47）
WT8	62.61	44.22（53.53）	48.49（58.69）	—	41.59（16.96）	29.12（6.68）
WT9	163.80	93.96（113.74）	108.53（131.37）	混合破坏	74.33（44.01）	50.93（24.69）
WT10	166.06	93.70（113.42）	108.28（131.07）	混合破坏	77.23（46.41）	53.36（26.70）

编号	试验结果	名义值（实际值）		破坏模式	偏差 1/%	偏差 2/%
	$F_{R,exp}$	$F_{Rd,1}$	$F_{Rd,2}$			
WT11	268.01	179.72（217.54）	208.14（251.94）	混合破坏	49.13（23.20）	28.76（6.38）
WT12	350.60	194.28（235.16）	226.63（274.32）	板撕裂	80.46（49.09）	54.70（27.81）

注：名义值和实际值表示采用 Q355B 钢材屈服强度的标准值和实际测量值确定的节点塑性承载力，Q355 普通钢的屈服强度标准值和实测值分别为 345MPa 和 417.60MPa；$F'_{Rd,1} = \min\{Eq.(5\text{-}17), Eq.(5\text{-}20), Eq.(5\text{-}21)\}$［Eq.(5-17) 表示式(5-17)，余同］；$F'_{Rd,2} = \min\{Eq.(5\text{-}19), Eq.(5\text{-}20), Eq.(5\text{-}21)\}$；偏差 $1(\%) = (F_{R,exp} - F_{Rd,1})/F_{Rd,1} \times 100\%$；偏差 $2(\%) = (F_{R,exp} - F_{Rd,2})/F_{Rd,2} \times 100\%$。

由表 5-12 可知，规范方法高估了试件 HWT2、HWT9、HWT10 和 HWT11 的实际塑性承载力，试验值分别比 $F_{Rd,2}$ 组合预测值低约 6%、2%、5% 和 5%。产生这种现象的主要原因可能为：由于焊接过程的影响，高强度钢与普通钢焊接 T 形件连接焊后性能的差别可能较大。对于普通钢焊接试件，如果焊接软化区的宽度不超过钢材厚度的 25%，由于更强的焊缝和周围未受影响母材约束的影响，钢材局部软化效应不会对钢材的整体强度造成太大影响[15]。但对于高强度钢材该假设可能并不适用，相关试验[16]表明，单调拉伸荷载作用下，Q690 高强度钢焊接接头均在热影响区发生断裂破坏，焊接接头的屈服强度和极限抗拉强度分别比母材平均降低约 26% 和 10%。热影响区出现严重的软化现象，热影响区平均硬度比母材降低约 14%，说明焊接过程降低了高强度钢材的力学性能。焊接 T 形件连接的塑性承载力与翼缘板和螺栓的强度比有关。对于高强度钢焊接 T 形件连接，表 5-12 中除了 HWT1 和 HWT4 试件发生螺栓破坏外，其余试件均发生翼缘板焊趾处断裂破坏，由于焊接过程的影响连接的实际屈服强度可能偏低。以上结论进一步验证了规范塑性承载力方程应用于高强度钢焊接 T 形件连接时可能偏于不安全的结论。

高强度钢焊接 T 形件连接塑性承载力　　　　表 5-12

编号	试验结果	名义值（实际值）		破坏模式	偏差 1/%	偏差 2/%
	$F'_{R,exp}$	$F'_{Rd,1}$	$F'_{Rd,2}$			
HWT1	152.75	145.77（166.13）	145.77（166.13）	螺母滑移	4.79（−8.05）	4.79（−8.05）
HWT2	201.84	162.14（184.78）	188.81（215.58）	板断裂	24.49（9.23）	6.90（−6.37）
HWT3	230.76	163.05（185.82）	197.34（224.90）	板断裂	41.53（24.18）	16.94（2.61）
HWT4	202.88	163.05（185.82）	172.93（197.08）	混合破坏	24.43（9.18）	17.32（2.94）
HWT5	241.98	163.05（185.82）	194.24（221.36）	板断裂	48.41（30.22）	24.58（9.32）
HWT6	267.06	163.05（185.82）	203.41（231.81）	板断裂	63.79（43.72）	31.29（15.21）
HWT7	160.60	119.07（131.31）	134.32（148.13）	板断裂	34.88（22.31）	19.57（8.42）
HWT8	104.14	75.86（83.66）	83.14（91.69）	板断裂	37.28（24.48）	25.26（13.58）
HWT9	211.74	168.50（185.82）	196.71（216.93）	板断裂	25.66（13.95）	7.64（−2.39）

续表

编号	试验结果	名义值（实际值）		破坏模式	偏差 1/%	偏差 2/%
	$F'_{R,exp}$	$F'_{Rd,1}$	$F'_{Rd,2}$			
HWT10	205.57	168.50（185.82）	196.45（216.65）	板断裂	22.00（10.63）	4.64（−5.11）
HWT11	413.67	333.33（367.60）	388.65（428.60）	板断裂	24.10（12.53）	6.44（−3.48）
HWT12	447.65	337.00（371.64）	393.42（433.86）	板断裂	32.83（20.45）	13.78（3.18）

注：名义值和实际值表示采用 Q690D 钢材屈服强度的标准值和实际测量值确定的节点塑性承载力，Q690 高强度钢的屈服强度标准值和实测值分别为 690MPa 和 760.93MPa；$F_{Rd,1} = min\{Eq.(5\text{-}17), Eq.(5\text{-}20), Eq.(5\text{-}21)\}$；$F'_{Rd,2} = min\{Eq.(5\text{-}19), Eq.(5\text{-}20), Eq.(5\text{-}21)\}$；偏差 $1(\%) = (F'_{R,exp} - F'_{Rd,1})/F'_{Rd,1} \times 100\%$；偏差 $2(\%) = (F'_{R,exp} - F'_{Rd,2})/F'_{Rd,2} \times 100\%$。

5.4 数值模拟分析

1. 有限元模型

试件采用 C3D8R 单元[17]，T 形件翼缘板沿板厚方向至少划分 4 层单元，保证有限元分析具有足够的收敛精度。有限元模型的边界条件见图 5-24，约束刚性板底面所有自由度，在距离螺栓杆底面中心 15mm 位置处分别建立参考点 RP-2 和 RP-3，与相应螺栓底面建立约束关系，采用 Encastre 限制参考点所有自由度。在距离腹板顶面 2mm 位置处建立参考点 RP-1，与腹板顶面之间建立运动约束关系，作为位移加载控制点。单螺栓排 T 形件连接关于腹板中面 *ZY* 平面对称［图 5-24（a）］，双排螺栓加劲 T 形件连接关于加劲肋中面 *YX* 平面对称［图 5-24（b）］，在对称面上施加沿对称方向的约束关系。由于螺栓沿 *Y* 方向伸长不同，可采用螺栓几何刚度等效原则来满足对称性要求。

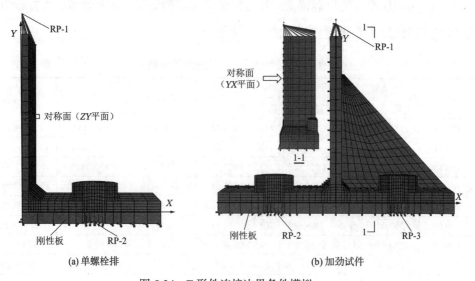

(a) 单螺栓排　　　　　　　　　　　(b) 加劲试件

图 5-24　T 形件连接边界条件模拟

2. 接触模拟

T 形连接各表面之间的接触主要包括：螺母与翼缘板表面之间，假定螺母和垫片的面积相等，建模时将螺母和垫片作为一个部件[18-19]；加劲肋与腹板、翼缘板之间均采用绑定约束。接触属性主要包括法向和切向作用两部分，模型接触面的法向作用采用"硬接触"模拟，切向作用采用摩擦模型实现，摩擦系数取 0.25。为了加快模型收敛速度，假定螺栓孔面积与螺栓杆相同，法向作用采用线性模型模拟，表面之间的接触刚度取为 2000N/mm[20]，切向作用的摩擦系数取为 0。接触关系见图 5-25。

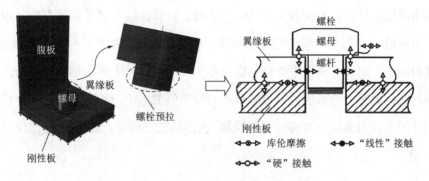

图 5-25　高强度螺栓连接接触模拟

3. 材料模型

图 5-26 给出了 Q690 高强度钢材工程应力-工程应变和真实应力-真实应变曲线[21]，高强度螺栓的本构关系选用多线性弹塑性本构模型[22]（图 5-27），所有材料均为各向同性，泊松比均取 0.3，屈服准则均采用 von Mises 准则。

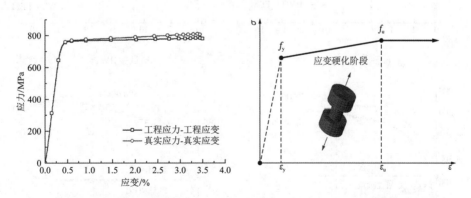

图 5-26　钢材应力应变模型　　　　图 5-27　高强度螺栓应力应变模型

4. 求解过程

模型计算过程分五个分析步，（1）给螺栓施加很小的预拉力 10N，约束螺母顶面和翼缘板自由端表面上所有节点自由度，消除各组件刚体位移，使模型的接触关系平稳建立。（2）保持螺栓预拉力为10N，释放上述自由度。（3）给高强度螺栓施加相应的预拉力值。（4）固定当前螺栓长度。（5）在参考点RP-1上施加位移荷载，采用位移控制法进行加载，每级控制位移为0.02mm，当荷载-位移曲线出现负刚度时停止加载。

5.4.1　荷载-位移曲线

选取具有典型破坏模式的试件和加劲试件的荷载-位移曲线进行对比分析，如图5-28、表5-13所示。由图和表可知当荷载小于$2F_{\text{Rd,0}}/3$时，大部分试件的计算曲线与试验曲线吻合良好；当荷载大于$2F_{\text{Rd,0}}/3$时，计算曲线与试验曲线存在一定差异。由于HWT1试件较早产生螺母滑移现象，螺母滑移导致试件的竖向位移增大，极限承载力偏低；而计算模型中螺栓与螺母作为一个部件，未考虑螺栓与螺母之间相对滑移对连接承载力的影响，其极限承载力计算值$F_{\max}$约为试验值的1.07倍。HWT4试件的承载力由高强度螺栓强度控制，连接的极限承载力计算值$F_{\max}$仅为试验值1.02倍。

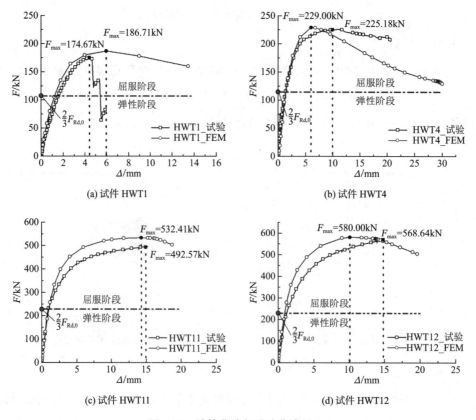

(a) 试件HWT1　　　　　　　　　　(b) 试件HWT4

(c) 试件HWT11　　　　　　　　　　(d) 试件HWT12

图5-28　计算曲线与试验曲线对比

极限承载试验值与计算值　　　　　　　　　　　表 5-13

试件编号	极限承载力 F_{max}/kN		有限元值/试验值
	有限元值	试验值	
HWT1	186.71	174.67	1.07
HWT2	270.53	213.42	1.27
HWT3	317.74	271.49	1.17
HWT4	229.00	225.19	1.02
HWT5	298.48	263.25	1.13
HWT6	371.97	300.44	1.24
HWT7	194.66	173.16	1.12
HWT8	138.17	108.26	1.28
HWT9	263.03	230.71	1.14
HWT10	264.86	222.25	1.19
HWT11	532.41	492.57	1.08
HWT12	580.00	568.64	1.02

焊接过程通常在焊趾附近引入大量的焊接热量，导致靠近焊趾处的钢材温度升高，因此焊趾附近的高强度钢材力学性能发生变化。自然冷却条件下 Q690 高强度钢的强度衰减和延性增长大于 Q235 普通钢材。当钢材受火温度为 700℃时，Q235钢高温后的强度为常温下的 0.89 倍[23]，而 Q690 高强度钢的极限强度仅为常温下的 0.67 倍[24]。可见，高温对 Q690 高强度钢的强度影响较大。由于无法准确量化热效应，有限元模型忽略了该因素的影响。当 T 形件连接的极限条件由翼缘板焊趾处塑性铰强度控制时，外荷载大于 $2F_{Rd,0}/3$ 后，有限元计算结果与试验结果出现较大的差异。除 HWT1 和 HWT4 试件外，通过有限元方法计算的所有试件极限承载力比试验值平均高 16.40%。HWT2、HWT6 和 HWT8 试件的极限承载力有限元计算值分别比试验值高 27%、24% 和 28%，主要原因可能为焊接过程中引入了比其他试件更多的焊接热量。

5.4.2　初始刚度

采用有限元方法计算的 T 形连接初始刚度与试验值的对比见图 5-29 及表 5-14。由图和表可知，有限元方法可较准确地预测 Q690 高强度钢 T 形件连接的初始刚度。

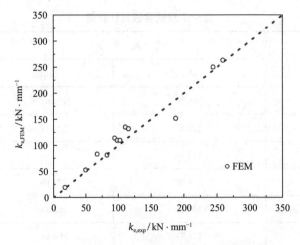

图 5-29　初始刚度试验值与有限元计算值的关系

试验值与有限元计算值对比　　　　　　　　　表 5-14

试件编号	$k_{e,FEM}$/（kN/mm）	$k_{e,exp}$/（kN/mm）	$k_{e,FEM}/k_{e,exp}$	$F_{R,FEM}$	$F_{R,exp}$	$F_{R,FEM}/F_{R,exp}$
HWT1	82.75	67.67	1.22	161.88	152.75	1.06
HWT2	113.80	94.63	1.20	225.51	201.84	1.12
HWT3	134.80	110.80	1.22	268.87	230.76	1.17
HWT4	81.07	82.67	0.98	203.22	202.88	1.00
HWT5	131.80	115.90	1.14	281.91	241.98	1.17
HWT6	151.20	187.39	0.81	302.91	267.06	1.13
HWT7	52.40	49.97	1.05	177.74	160.60	1.11
HWT8	19.19	17.89	1.07	109.17	104.14	1.05
HWT9	109.60	98.32	1.11	239.69	211.74	1.13
HWT10	109.60	102.80	1.07	239.87	205.57	1.17
HWT11	249.57	243.95	1.02	356.61	413.67	0.86
HWT12	262.69	258.49	1.02	430.43	447.65	0.96

注：$k_{e,exp}$ 表示试验值；$k_{e,FEM}$ 表示数值计算结果，$F_{R,FEM}$ 表示有限元计算结果；$F_{R,exp}$ 表示数值计算结果。

5.4.3　塑性承载力

　　T 形连接塑性承载力计算值与试验值的对比见图 5-30 以及表 5-14。由图和表可知，进入屈服阶段后，虽然计算曲线与试验曲线存在一定差异，但两者的变化趋势基本一致，有限元塑性承载力计算值与试验值相差较小。

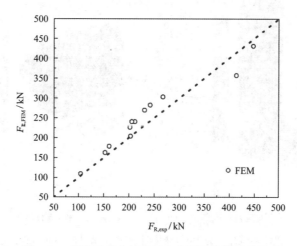

图 5-30　塑性承载力试验值与有限元计算值的关系

5.4.4　应力分布

试件 HWT1、HWT4、HWT8 在极限荷载下的 von Mises 应力分布见图 5-31～图 5-33。由图 5-31（a）可知，HWT1 仅在焊趾附近表面及螺母与翼缘板接触面区域屈服，但屈服区域较小，沿板厚方向未贯通。提取模型的最大应力以及等效塑性应变，可得焊趾处应力最大值为 784.34MPa，等效塑性应变最大值为 0.019，小于母材极限塑性应变 0.03。由图 5-31（b）可知，高强度螺栓全截面已屈服，最大应力达到 800MPa，等效塑性应变为 0.21，超过螺栓极限应变，表明该试件仅高强度螺栓发生破坏，为 EC 3 规范定义的第三种破坏模式。

HWT4 试件采用 10.9 级 M16 高强度螺栓连接，由图 5-32（a）可知，翼缘板焊趾处屈服区域沿板厚度方向基本贯通，提取模型最大应力以及等效塑性应变，可得焊趾处应力达到最大值 786.50MPa，形成塑性铰，等效塑性应变为 0.017；螺母与翼缘板接触面以及沿宽度方向的翼缘板表面部分进入屈服状态，沿板厚方向未贯通。由图 5-32（b）可知，高强度螺栓全截面进入屈服状态，最大应力值为 1000MPa，等效塑性应变为 0.17，超过高强度螺栓极限应变近 2 倍，与第二种破坏模式基本吻合。

HWT8 试件发生翼缘板焊趾处断裂破坏，由图 5-33（a）可知，翼缘板焊趾处以及螺栓轴线附近区域均进入屈服状态，屈服区域沿厚度方向贯通，形成塑性铰。最大应力 807.29MPa，出现在螺栓孔边缘，等效塑性应变最大值为 0.13，出现在焊趾处（热影响区）翼缘板母材上。由图 5-33（b）可知，高强度螺栓杆部分截面进入屈服状态，最大应力值为 800MPa，仅在螺栓杆受拉区的等效塑性应变略大于螺栓极限应变值，计算值为 0.15，T 形连接仅发生翼缘板焊趾处断裂破坏，与试验结果一致。

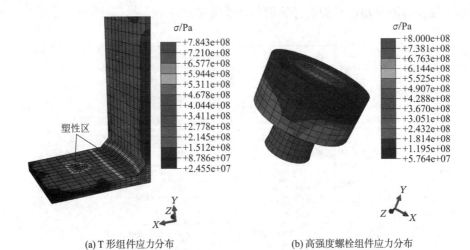

(a) T 形组件应力分布   (b) 高强度螺栓组件应力分布

图 5-31 极限荷载 F_{max} 为 186.71kN 时 HWT1 试件的 von Mises 应力分布

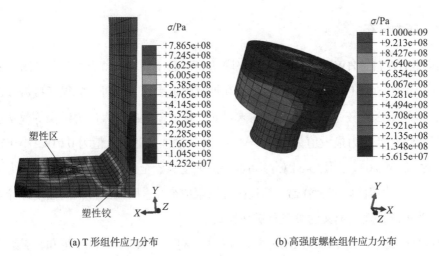

(a) T 形组件应力分布   (b) 高强度螺栓组件应力分布

图 5-32 极限荷载 F_{max} 为 229.00kN 时 HWT4 试件的 von Mises 应力分布

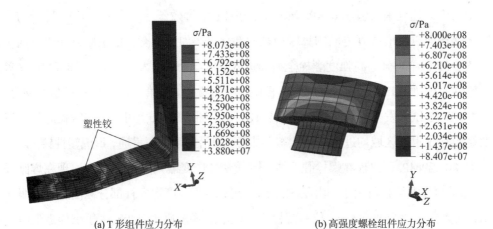

(a) T 形组件应力分布   (b) 高强度螺栓组件应力分布

图 5-33 极限荷载 F_{max} 为 138.71kN 时 HWT8 试件的 von Mises 应力分布

5.4.5　变形分析

由图 5-28 可知，大部分试件有限元计算所得的极限荷载 F_{max} 对应的位移值大于试验值，主要是由于焊接残余应力及焊接热影响区金属材料重结晶的影响，导致热影响区材料的极限应变降低，试件较早达到极限承载力，之后出现刚度下降的趋势。有限元模拟所得的试件竖向变形情况见图 5-34。由图 5-34 可知，高强度钢焊接 T 形连接的整体变形与试验结果基本一致，翼缘板沿 X 方向变形分布不均匀。HWT1 试件发生螺母脱落破坏，计算位移为 5.99mm，试验值为 4.69mm，试验值比计算值低 21.70%。HWT4 试件在极限荷载作用下发生螺栓断裂破坏，承载力由高强度螺栓强度控制，计算位移为 6.73mm，试验值为 9.10mm，试验值比计算值高 35.22%。试件 HWT8 在焊趾处（热影响区）发生翼缘板断裂破坏，极限荷载作用下计算位移为 37.52mm，试验值为 35.64mm，比值为 1.05，两者吻合较好。

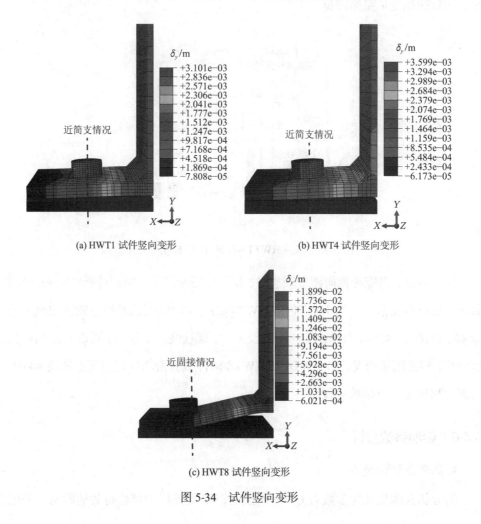

(a) HWT1 试件竖向变形　　(b) HWT4 试件竖向变形

(c) HWT8 试件竖向变形

图 5-34　试件竖向变形

由图 5-35 可知，增加螺栓直径、螺栓到腹板边距离 d 和边距 e 等，螺栓伸长量占总变形的比值逐渐下降，高强度螺栓可有效阻止翼缘板间的分离。对于 8.8 级高强度螺栓，螺栓直径为 M16、M20 和 M24 时，螺栓伸长量分别为总变形的 54.96%、39.60%和 12.65%；对于 10.9 级高强度螺栓，螺栓伸长量则分别为总变形的 54.50%、12.69%和 6.98%。可见，当螺栓轴向刚度较大时，提高螺栓强度等级，螺栓的实际变形显著下降，如采用 M20 和 M24 高强度螺栓连接的试件，10.9 级高强度螺栓实际变形量比 8.8 级分别降低 67.95%和 44.82%。当螺栓到腹板边的距离由 1.0e 增加到 1.3e 和 2.0e 时，试件 HWT2、HWT7 和 HWT8 螺栓伸长量为总变形的 39.60%、6.20%和 2.74%；螺栓边距由 1.0d 增加到 1.5d 时，HWT2 和 HWT9 螺栓变形量分别为总变形的 39.60%和 16.70%；增加到 1.75d 时，HWT10 螺栓变形量为总变形的 11.47%，螺栓变形逐渐降低，主要原因是增加螺栓边距 e，翼缘板弯曲形成的撬力减小，导致螺栓变形量略降低。

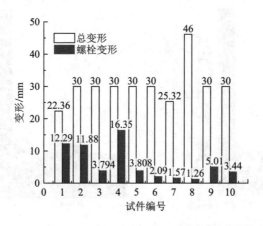

图 5-35 试件 HWT1～HWT10 螺栓变形分析

综上所述，当螺栓轴向刚度较小时，螺栓变形量增大，对翼缘板约束程度较弱，翼缘板接近简支情况，如 HWT1 和 HWT4 试件初始刚度试验值分别比规范理论值低 46.31%和 33.43%。当螺栓轴向刚度较大时，螺栓变形量较小，可以有效约束翼缘板分离，接近固接情况，如 HWT6 和 HWT8 试件试验值均比规范理论值高 44.04%，与试验和理论分析结果一致。

5.4.6 影响参数分析

1. 高强度螺栓受力

为分析翼缘板几何参数对 Q690 高强度钢 T 形连接中螺栓行为的影响，采用有限元分析方法对本文 HWT1～HWT10 试验试件进行了参数分析。图 5-36 给出了螺栓力 B 随螺栓直径和强度等级变化的规律曲线，表 5-15 给出了试件最大螺栓力 B_{max} 的有限元分析结果。由图可知，螺栓力 B 随主要参数变化的规律基本相同。加载初期，螺栓力 B 等于相应螺栓的预拉力 P，随荷载的增加，螺栓力均出现增加趋势，螺栓力最大值 B_{max} 平均约为螺栓预拉力 P 的 1.6 倍。

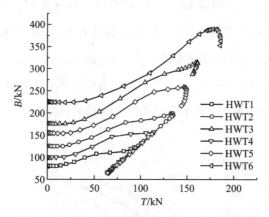

图 5-36　螺栓直径及强度等级对螺栓力的影响

螺栓力极值　　　　　　　　　　　　　　　　　　　表 5-15

试件编号	e/d	螺栓规格	B_{max}/kN	B_{max}/P	试件编号	e/d	螺栓规格	B_{max}/kN	B_{max}/P
HWT1	1.00	8.8 级 M16	121.28	1.52	HWT6	1.00	10.9 级 M24	389.97	1.73
HWT2	1.00	8.8 级 M20	199.07	1.59	HWT7	0.50	8.8 级 M20	193.45	1.55
HWT3	1.00	8.8 级 M24	314.78	1.80	HWT8	0.75	8.8 级 M20	184.93	1.48
HWT4	1.00	10.9 级 M16	157.09	1.57	HWT9	1.50	8.8 级 M20	198.77	1.59
HWT5	1.00	10.9 级 M20	258.66	1.67	HWT10	1.75	8.8 级 M20	196.44	1.57
平均值									1.61

注：B_{max} 表示螺栓力；P 表示螺栓预拉力值。

　　由于不同规格螺栓初始施加的预拉力 P 值不同，采用螺栓力 B_{max}/P 值来研究螺栓力 B_{max} 随螺栓直径和强度等级变化的规律。由图 5-36 和表 5-15 可知，对于 8.8 级高强度螺栓，采用 M20 和 M24 高强度螺栓连接的试件，B_{max}/P 值分别比采用 M16 高强度螺栓连接的试件提高 4.61%和 18.42%。对于 10.9 级高强度螺栓，B_{max}/P 值分别比 M16 高强度螺栓连接的试件提高 6.37%和 10.19%。可见随着螺栓直径的增大，B_{max}/P 值随荷载增加的幅度越大，螺栓力 B_{max} 增加幅度越大。主要原因是螺栓直径增大，引起螺栓轴向刚度增加，导致翼缘板弯曲变形产生的撬力增大。螺栓规格为 M16、M20 和 M24 时，采用 10.9 级高强度螺栓试件的 B_{max}/P 值分别比相应 8.8 级提高 3.29%、5.03%和−3.89%，说明提高螺栓强度等级，对螺栓力 B_{max} 值影响较小。

图 5-37 表示螺栓相对位置对螺栓力影响的规律曲线，其中 d 表示螺栓轴线到腹板边的距离。由图可知，随着 e/d 值增大，螺栓力逐渐减小。当 e/d 从 0.5 增大到 0.75 时，螺栓力 B_{max} 减小约 4.52%；从 0.75 增大到 1.0 时，螺栓力 B_{max} 增大约 7.43%。当 e/d 值从 1.0 增大到 1.5 和 1.75 时，螺栓力 B_{max} 分别减小约 0%和 1.26%，基本保持不变。可见，e/d 值变化对螺栓力 B_{max} 影响甚微。以 $T = 40$kN 为基准，由图 5-37 可知，当 $e/d \leqslant 1.0$ 时，e/d 值对螺栓力的增幅影响较大，其值越小，螺栓力增幅越大；当 $e/d > 1.0$ 时，e/d 值对螺栓力的影响甚微。

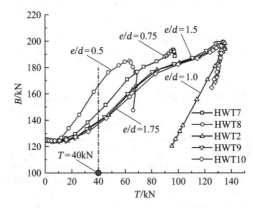

图 5-37　螺栓相对位置对螺栓力的影响

2. 翼缘板厚

为了防止节点发生非延性破坏，EC 3 规范将端板的厚度限制在 60%的螺栓直径范围内。为分析翼缘板厚对 Q690 高强度钢焊接 T 形件连接力学性能的影响规律，基于 HWT7 试件设计了 4 个翼缘板厚分别为 8mm（M20 高强度螺栓直径的 40%）、12mm（M20 高强度螺栓直径的 60%）、14mm（M20 高强度螺栓直径的 70%）和 16mm（M20 高强度螺栓直径的 80%）的 Q690 高强度钢焊接 T 形件连接，其他参数保持与 HWT7 试件相同。

图 5-38 给出了 T 形件连接的承载力及变形随翼缘板厚变化的规律曲线，表 5-16 给出了根据 EC 3 规范和有限元方法计算的连接初始刚度和塑性承载力。由图和表可知，增加翼缘板厚度，T 形件连接的初始刚度、塑性承载力和极限承载力均随之增加，但变形能力逐渐降低。当翼缘板厚度为 $0.6d_0$、$0.7d_0$ 和 $0.8d_0$ 时，试件变形达到极限后刚度出现严重退化，主要原因是其塑性承载力均由高强

度螺栓强度控制，翼缘板越厚，越早出现刚度退化现象［图 5-38（a）］。由图 5-37（b）可知，当翼缘板厚 $t < 0.5d_0$ 及 $t > 0.6d_0$ 时，初始刚度有限元计算值与 EC 3 规范理论值相差较大。当翼缘板厚度为 $0.4d_0$ 时，规范理论值比有限元计算值低 26.24%；当翼缘板厚度为 $0.8d_0$ 时，试件理论值比有限元计算值高 55.77%。主要原因是理论计算方法未充分考虑翼缘板受约束程度以及螺栓预拉对连接初始刚度的影响，因此高强度螺栓对翼缘板的约束情况越接近简支或固接，理论计算值与有限元计算结果误差越大。当翼缘板厚在 $0.5d_0 \sim 0.6d_0$ 之间时，两者相差较小，在 10% 以内。因此，当翼缘板受约束程度接近简支和固接两种情况时，不可忽略翼缘板约束条件和螺栓预拉力 P 的影响。由图 5-38（c）可知，T 形件连接的初始刚度与翼缘板厚度呈线性关系，翼缘板厚度与试件初始刚度的平均比值为 0.096。

　　如图 5-38（d）可知，当 $t \leqslant 0.6d_0$ 时，T 形件连接的塑性承载力由翼缘板焊趾处材料塑性铰强度控制，试件塑性承载力与极限承载力均与翼缘板厚度呈线性关系，随翼缘板厚度增加而增大；当 $t > 0.6d_0$ 时，T 形件连接的塑性承载力由高强度螺栓强度控制，试件塑性承载力与极限承载力均与翼缘板厚度呈线性关系，随翼缘板厚度增加而增大，但比翼缘板焊趾处塑性铰强度控制时增幅有所下降。当 $t \geqslant 0.6d_0$ 时，有限元计算值与规范理论值吻合良好，试件翼缘板厚为 $0.8d_0$ 时两者相差最大，规范理论值比有限元计算值高 5.39%。当 $t < 0.6d_0$ 时，塑性承载力规范理论值与有限元计算值相差较大，如对于翼缘板厚为 $0.4d_0$ 的试件，采用 EC 3 规范 $F_{Rd,1}$ 组合以及 $F_{Rd,2}$ 组合计算的塑性承载力分别比有限元计算值低 32.03% 和 23.33%，规范预测值均低于有限元计算值。综上所述，翼缘板受约束程度越大，T 形件连接的有效跨度越小，连接承载力越高。当翼缘板较薄时，采用 EC 3 规范方程预测的 Q690 高强度钢焊接 T 形件连接的实际塑性承载力仍较保守[25]。

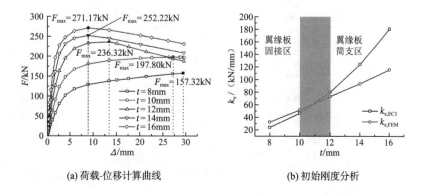

(a) 荷载-位移计算曲线　　　　(b) 初始刚度分析

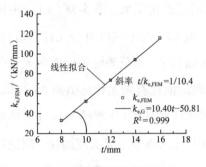
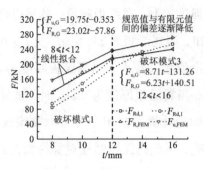

(c) 初始刚度线性拟合分析   (d) 承载力分析

图 5-38 翼缘板厚影响分析

翼缘板厚变化   表 5-16

板厚/mm	$k_{e,FEM}$/ (kN/mm)	$k_{e,EC3}$/ (kN/mm)	$k_{e,EC3}/k_{e,FEM}$	$F_{R,FEM}$	$F_{R,EC3}$/kN		$F_{Rd,1}/F_{R,FEM}$	$F_{Rd,2}/F_{R,FEM}$
					$F_{Rd,1}$	$F_{Rd,1}$		
8	33.19	24.48	0.74	123.64	84.04	94.80	0.68	0.77
10	52.40	47.29	0.90	177.74	131.31	148.13	0.74	0.83
12	73.62	80.39	1.09	215.73	189.08	213.31	0.88	0.99
14	94.31	124.83	1.32	226.72	232.61	232.61	1.03	1.03
16	116.20	181.00	1.56	240.64	253.61	253.61	1.05	1.05

3. 螺栓预拉力

8.8 级 M20 高强度螺栓预拉力设计值 P_0 为 125kN，分别取预拉力为 0、$0.5P_0$、P_0、$1.25P_0$ 和 $1.5P_0$，分析螺栓预拉力 P 对 Q690 高强度钢 T 形件连接初始刚度的影响。

图 5-39 给出了连接初始刚度随螺栓预拉力变化的规律曲线，图中 $k_{e,0}$ 表示 HWT7 试件的初始刚度 52.40kN/mm。由图 5-39 可知，增加螺栓预拉力，可提高连接的初始刚度。如螺栓预拉力为 $0.5P_0$ 和 $1.0P_0$ 时，初始刚度比预拉力为 P_0 时分别增加 8.05% 和 14.94%；当螺栓预拉力为 $1.25P_0$ 和 $1.5P_0$ 时，初始刚度分别增加 3.0% 和 5.0%，增幅较小。主要原因可能是当高强度螺栓预拉力增加到一定程度时，螺栓预拉力对翼缘板边界条件的影响变弱。螺栓施加预拉后，8.8 级 M20 高强度螺栓连接的 Q690 高强度钢 T 形件连接初始刚度增加约 15%。

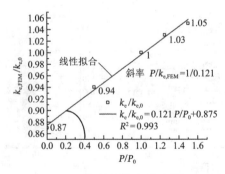

图 5-39 螺栓预拉力影响分析

4. 加劲肋布置

通过分析可知，设置加劲肋后，Q690 高强度钢 T 形连接的初始刚度和塑性承载力均呈增加趋势，但增幅较小，不足 10%。通过在 HWT12 试件另一侧设置加劲肋，采用有限元方法研究端板加劲肋对 T 形件连接整体行为的影响，有限元计算的试件荷载-位移曲线见图 5-40，表 5-17 给出了连接的初始刚度及承载力。由图可知，两侧设置加劲肋后，节点的初始刚度、塑性承载力和极限承载力均显著提高，分别比单侧设置加劲试件的提高 35.24%、42.72% 和 29.94%。图 5-41 绘出了加劲肋长高比 e_n/e_t 对承载力的影响。由图 5-41 可以看出，随加劲肋数目增多，试件变形达到极限后承载力和刚度退化明显变快，延性较差[26]。

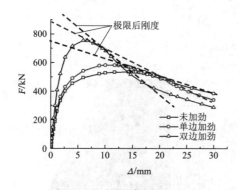

图 5-40　加劲肋布置的影响

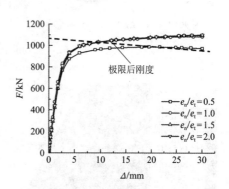

图 5-41　加劲肋长高比 e_n/e_t 对承载力的影响

加劲肋连接的初始刚度及承载力　　　　　　　　　　　　表 5-17

参数	$k_{e,FEM}/$（kN/mm）	$F_{R,FEM}/$kN	$F_{max}/$kN
无加劲肋	249.57	356.61	532.41
单边加劲肋	262.69	430.43	579.06
双边加劲肋	355.25	614.32	752.44

5. 加劲肋长高比

设计加劲肋长高比参数分别为 0.5、1.0、1.5 和 2.0，采用有限元方法分析加劲肋长高比对节点受力性能的影响。数值计算结果如图 5-42、图 5-43 所示。从图 5-42 可以看出，当 $e_n/e_t < 1.0$ 时，加劲肋长高比对节点的力学性能影响较大，节点的承载力降低，极限后刚度出现下降趋势，延性变差。当 $e_n/e_t \geqslant 1.0$ 时，加劲肋长高比对节点受力性能的影响甚微。由图 5-42 可知，在极限荷载下，当 $e_n/e_t < 1.0$ 时，加劲肋与腹板连接处屈服，等效塑性应变为 0.18，超过钢材极限塑性应变 0.03。连接处发生断裂破坏，加劲肋不能有效地将荷载传递到螺栓上。由图 5-43 可知，在极限荷载下，当 $e_n/e_t \geqslant 1.0$ 时，加劲肋与翼缘板连接处及加劲肋斜边垂线附近区域屈服，

等效塑性应变较小，未发生断裂破坏。建议取加劲肋长高比 $e_n/e_t = 1.0$，可以有效地将荷载传递到高强度螺栓上。

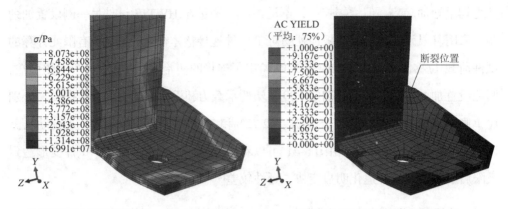

(a) 荷载为 968.47kN 时试件的 von Mises 应力分布　　　(b) 荷载为 968.47kN 时试件屈服区分布

图 5-42　加劲肋长高比 $e_n/e_t = 0.5$

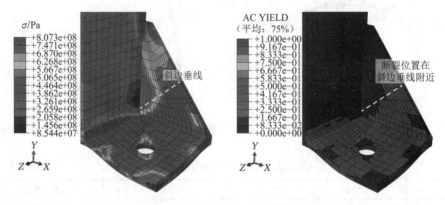

(a) 荷载为 1080.20kN 时试件的 von Mises 应力分布　　　(b) 荷载为 1080.20kN 时试件屈服区分布

图 5-43　加劲肋长高比 $e_n/e_t = 1.0$

5.5　本章小结

本章对 Q690 高强度钢焊接 T 形连接的受力行为进行了详细分析，得出以下结论：

（1）Q355 普通钢焊接 T 形连接在焊趾附近断裂的破坏模式属于延性破坏，Q690 高强度钢焊接 T 形连接，由于焊趾附近钢材断裂时材料的塑性变形发展极小，破坏模式仍属于脆性破坏。Q690 高强度钢焊接 T 形连接的塑性变形能力弱、屈强比高，连接破坏前铰链效应无法充分发展。

（2）参数分析结果表明，10.9 级高强度螺栓与 Q690 高强度钢匹配性较好，对

T 形件翼缘板的约束程度较高；螺栓边距 e 与螺栓到腹板边的距离 d 之比对连接初始刚度、变形能力和承载能力的影响较大，建议高强度钢焊接 T 形件连接的螺栓边距 e 取 $1.5d$。

（3）当连接的弹性极限强度由 T 形件翼缘板屈服控制时，高强度螺栓对高强度钢 T 形件连接翼缘板的约束作用比普通钢连接弱，螺栓弯曲变形对翼缘板为半固接约束情况时的高强度钢 T 形连接初始刚度影响显著。

（4）当 T 形件连接的极限条件由翼缘板焊趾处强度控制时，由于焊接软化效应等对翼缘板钢材强度的影响，导致 EC 3 规范方法高估了 Q690 高强度钢焊接 T 形连接的塑性承载力。

参 考 文 献

[1]　EN 1993 1 8. Eurocode 3: Design of Steel Structures Part 1 8: Design of Joints[S]. European Committee for Standardization, Brussels, 2005.

[2]　Skejic D, Dujmovic D, Beg D. Behaviour of stiffened flange cleat joints[J]. Journal of Constructional Steel Research, 2014, 103(12): 61-76.

[3]　Kuhlmann U, Davison J B, Kattner M. Structural systems and rotation capacity[C]//Proceedings of the International Conference on Control of the Semi-Rigid Behaviour of Civil Engineering Structural Connections. Liège, Belgium: MAQUOI R, 1998: 167-176.

[4]　Simoes Da Silva L, Santiago A, Vila Real P. Post-limit stiffness and ductility of end plate beam-to-column steel joints[J]. Computers and Structures, 2002, 80: 515-531.

[5]　Guo H C, Liang G, Li Y L, et al. Q690 high strength steel T-stub tensile behavior: Experimental research and theoretical analysis[J]. Journal of Constructional Steel Research, 2017, 139: 473-483.

[6]　Coelho A M G. Characterization of the ductility of bolted end plate beam-to-column steel connections[D]. Coimbra (Portugal) : University of Coimbra, 2004.

[7]　Liang G, Guo H C, Liu Y H, et al. A comparative study on tensile behavior of welded T-stub joints using Q355 normal steel and Q690 high strength steel under bolt preloading cases[J]. Thin-Walled Structures, 2019, 137: 271-283.

[8]　Faella C, Piluso V, Rizzano G. Experimental analysis of bolted connections: snug versus preloaded bolts[J]. Journal of Structural Engineering (ASCE) , 1998, 124(7): 765-774.

[9]　Faella C, Piluso V, Rizzano G. Some proposals to improve EC 3-Annex 1 approach for predicting the moment-rotation curve of extended plate connections[J]. Costruzioni Metalliche, 1996, 4: 15-31.

[10]　Jaspart J P. Contributions to recent advances in the field of steel joints-column bases and further configurations for beam-to-column joints and beam splices[D]. Liège (Belgium) : University of Liège, 1997.

[11] Loureiro A, Gutierrez R, Reinosa J M, et al. Axial stiffness prediction of nonpreloaded T-stubs: an analytical frame approach[J]. Journal of Constructional Steel Research, 2010, 66: 1516-1522.

[12] Reinosa J M, Loureiro A, Gutierrez R, et al. Analytical frame approach for the axial stiffness prediction of preloaded T-stubs[J]. Journal of Constructional Steel Research, 2013, 90: 156-163.

[13] 孙飞飞, 孙密, 李国强, 等. Q690 高强钢端板连接梁柱节点抗震性能试验研究[J]. 建筑结构学报, 2014, 35(4): 116-124.

[14] Zhao M S, Lee C K, Chiew S P. Tensile behavior of high performance structural steel T-stub joints[J]. Journal of Constructional Steel Research, 2016, 122: 316-325.

[15] Zhao M S, Lee C K, Fung T C, et al. Impact of welding on the strength of high performance steel T-stub joints[J]. Journal of Constructional Steel Research, 2017, 131: 110-121.

[16] Qiang X, Bijlaard F S K, Kolstein H. Post-fire mechanical properties of high strength structural steels S460 and S690[J]. Engineering Structures, 2012, 35: 1-10.

[17] Abaqus theory manual, v. 6.11[M]. USA: Hibbitt, Karlsson and Sorensen, Inc. 2011.

[18] Ribeiro J, Santiago A, Rigueiro C, et al. Numerical assessment of T-stub component subjected to impact loading[J]. Engineering Structures, 2016, 106: 450-460.

[19] Coelho A M G, Silva L S D, Bijlaard F S K. Finite-element modeling of the nonlinear behavior of bolted T-stub connections[J]. Journal of Structural Engineering, 2006, 132(6): 918-928.

[20] 潘斌, 石永久, 王元清. Q460 等级高强度钢材螺栓抗剪连接孔壁承压性能有限元分析[J]. 建筑科学与工程学报, 2012, 29(2): 48-54.

[21] Brünig M. Numerical analysis and modeling of large deformation and necking behavior of tensile specimens[J]. Finite Elements in Analysis & Design 1998, 28(4): 303-319.

[22] Wang M, Shi Y, Wang Y, Shi G. Numerical study on seismic behaviors of steel frame end-plate connections[J]. Journal of Constructional Steel Research, 2013, 90: 140-152.

[23] 丁发兴, 余志武, 温海林. 高温后 Q235 钢材力学性能试验研究[J]. 建筑材料学报, 2006, 9(2): 245-249.

[24] 李国强, 吕慧宝, 张超. Q690 钢材高温后的力学性能试验研究[J]. 建筑结构学报, 2017, 38(5): 109-116.

[25] Liang G, Guo H C, Liu Y H, et al. Q690 high strength steel T-stub tensile behavior: Experimental and numerical analysis[J]. Thin-Walled Structures, 2018, 122: 554-571.

[26] 郭宏超, 梁刚, 刘云贺, 等. 预拉力螺栓连接焊接 T 形件受力性能研究[J]. 建筑结构学报, 2018, 39(5), 156-163.

第 6 章

高强度钢材梁柱节点

连接节点在结构中起着举足轻重的作用。在正常使用状态下，节点将框架梁、柱连成一体，形成结构，有效地承受重力、风荷载等作用。在强震作用下，梁端部及节点域的塑性变形可以吸收和耗散地震能量，使整体结构不发生倒塌或倾覆。节点的连接刚度也直接影响结构的内力和位移，与结构及构件的稳定有密切关系。在大多数国家的规范中，对连接的承载能力都采用"超强设计准则"或"强节点弱构件"的原则，要求连接的承载能力大于被连接构件的承载能力，其实质是为了保证结构具有较高的延性。经历了阪神地震和北岭地震之后，各国学者普遍认为：传统焊接节点有较大刚性，节点的转动能力不足，强震下材料的塑性变形很难开展，极易发生脆性破坏，因此节点在具备足够承载力的同时应有良好的转动能力。高强度钢随着其屈服强度的提高，屈强比增大，断后伸长率减小，延性变差，屈服强度越高的钢材越难满足抗震设防区的设计要求，使高强度钢在抗震设防区的应用受到了限制，需要采取其他措施提高结构的延性。

在此背景下，对传统刚性节点的连接方式进行如下改进。第一：梁翼缘与柱翼缘不直接连接，而是通过连接板进行过渡［图 6-1（a）、（b）］。通过调整连接板的尺寸，将塑性铰转移到加强板以外的位置，避免在柱面梁端翼缘焊缝附近发生脆性破坏，从而有效保护了梁端焊缝，增加节点的延性。同时，翼缘连接板采用高强度钢薄板，可以获得与普通钢材厚板相似甚至更高的承载力和延性。第二：提出"扩大梁塑性铰区屈服面积"思路［图 6-1（c）］。传统的"狗骨形"节点对梁翼缘的削弱集中在截面固定位置处，塑性只能发生在很小的范围，屈服面积有限；若根据梁端弯矩逐渐减小的特点来逐步削弱梁翼缘，可使截面削弱区段同步进入塑性，扩大翼缘区域的塑性屈服面积，不但在梁端能形成预定的破坏屈服区，还能取得较好的塑性耗能效果。基于以上设计理念，本章对 Q690 高强度钢梁柱板式加强型节点[1-2]、锥形削弱节点[3]和端板连接节点[4]进行了低周反复加载试验和有限元分析,揭示节点的破坏机制和耗能机理,讨论了不同加强形式、削弱参数、钢材强度等级和节点域补强措施等因素对节点性能的影响规律,量化分析了节点承载力、刚度、延性、耗能能力等关键性能指标,为高强度钢节点在抗震设防区的工程应用和推广提供理论依据。

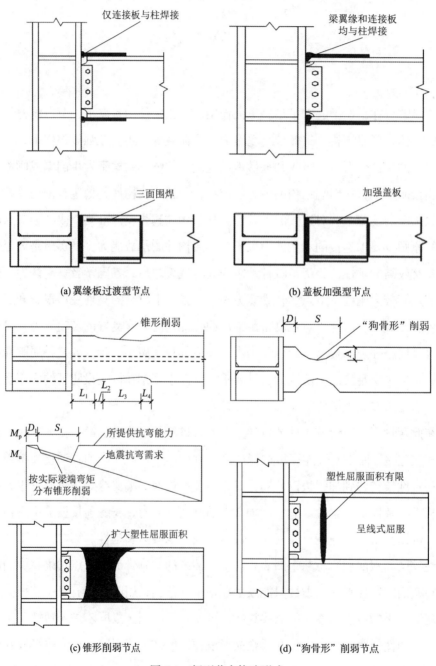

图 6-1　新型节点构造形式

6.1　高强度钢板式加强节点

6.1.1　试验方案

依据规范 FEMA-350[5]、FEMA-351[6]推荐的梁柱连接形式，制作了两组 6 个试件，第一组采用翼缘过渡连接，第二组采用盖板加强型连接，节点形式如图 6-2 所示。钢柱截面为 H250×200×10×16，钢梁截面为 H300×130×8×12，加强板规格为 260mm×200mm，对于节点域补强的试件，在 H 型钢柱腹板中心处单侧塞焊 8mm 厚的钢板，外伸出加劲肋 150mm。试件的具体尺寸和主要参数如图 6-2 和表 6-1 所示。

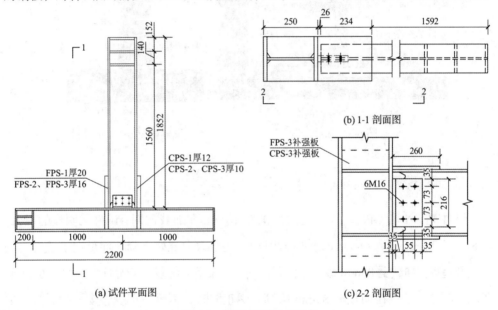

图 6-2　试件几何尺寸示意

试件主要参数　表 6-1

组号	试件编号	连接类型	梁		柱		加强板		补强板	
			尺寸	钢材等级	尺寸	钢材等级	尺寸	钢材等级	尺寸	钢材等级
第一组	FPS-1	翼缘过渡板连接	H300×130×8×12	Q355	H250×200×10×16	Q690	260×200×20	Q355	—	—
	FPS-2		H300×130×8×12	Q690	H250×200×10×16		260×200×16	Q690	—	—
	FPS-3		H300×130×8×12	Q690	H250×200×10×16		260×200×16	Q690	632×218×8	Q690
第二组	CPS-1	盖板加强连接	H300×130×8×12	Q355	H250×200×10×16	Q690	260×200×12	Q355	—	—
	CPS-2		H300×130×8×12	Q690	H250×200×10×16		260×200×10	Q690	—	—
	CPS-3		H300×130×8×12	Q690	H250×200×10×16		260×200×10	Q690	620×218×8	Q690

本次试验采用平位布置，将钢柱水平放置，钢柱端采用固定装置实现两端铰接，一端通过液压千斤顶施加轴压 1000kN。梁端往复荷载采用 100t MTS 作动器施加，为防止梁端荷载偏心而导致试件平面外失稳，在 MTS 作动器两侧布置侧向支撑，试验加载装置及加载制度[7]如图 6-3 所示。当加载至出现下列现象之一时，停止加载：（1）试件在关键部位发生明显的断裂；（2）梁端荷载下降到峰值荷载的 85%；（3）达到作动器的最大量程。试件的位移计布置如图 6-4 所示。

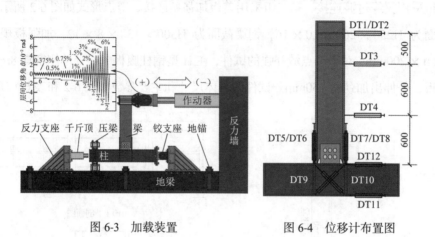

图 6-3　加载装置　　　　　　　图 6-4　位移计布置图

6.1.2　试验现象

试件 FPS-1 和 CPS-1 钢梁均采用 Q355 钢材，在加载初期，试件无明显的现象。FPS-1 节点在加载至 68mm 级第一圈时，正向承载力开始下降，而反向承载力仍处于上升趋势。加载至 85mm 级第一圈负向时，钢梁下翼缘发生明显屈曲，如图 6-5（a）所示。CPS-1 节点在加载至 85mm 级第一圈正向时，钢梁下翼缘漆皮轻微脱落，加载至 85mm 级第一圈负向时，钢梁下翼缘发生轻微屈曲，如图 6-5（d）所示。

试件 FPS-2、CPS-2 钢梁采用 Q690 钢材，在加载初期，试件无明显现象。试件 FPS-2 加载至 85mm 级第一圈负向时，钢梁上翼缘与柱面焊缝处出现轻微裂纹。加载结束后观察节点可以发现柱节点域发生屈曲，存在剪切变形，如图 6-5（b）所示。试件 CPS-2 加载至 68mm 级第二圈时，钢梁下翼缘和柱面焊缝处也出现了几条微小裂纹。加载至 85mm 级第一圈正向时，柱节点域附近发生轻微的剪切变形，如图 6-5（e）所示。

试件 FPS-3、CPS-3 柱节点域通过补强板加强，加载初期，试件无明显现象。试件 FPS-3 加载至 85mm 级第一圈正向时，钢梁下翼缘出现轻微屈曲变形，如图 6-5（c）所示。试件 CPS-3 加载至 68mm 级第二圈负向时，钢梁下翼缘距梁端 360mm 处发生轻微屈曲变形，如图 6-5（f）所示。

综上所述，加载前期试件没有明显现象，随着位移的增大，加强板端部区域钢梁逐渐发生屈曲，进入塑性。其中，梁采用 Q355 钢和节点域补强的试件主要在加强板末端梁翼缘处发生局部屈曲；而 Q690 钢梁和柱节点域未加强的试件主要在节点域腹板发生屈曲，存在明显剪切变形。

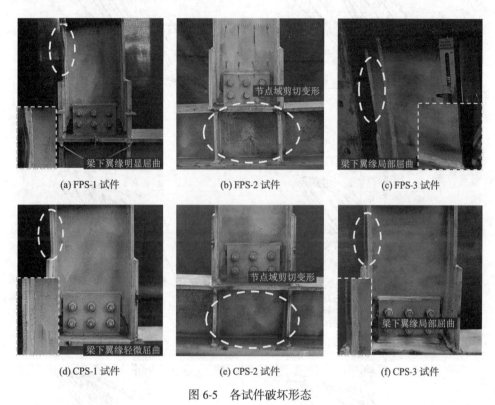

(a) FPS-1 试件　　　　　(b) FPS-2 试件　　　　　(c) FPS-3 试件

(d) CPS-1 试件　　　　　(e) CPS-2 试件　　　　　(f) CPS-3 试件

图 6-5　各试件破坏形态

6.1.3　滞回曲线

试件滞回曲线的有限元计算结果与试验结果的对比见图 6-6，其中"Test"代表试验结果，FEA 代表有限元计算结果。加载初期，试件处于弹性工作状态，曲线狭窄细长，刚度变化不大；进入弹塑性阶段后，随着位移加载次数的增加，滞回环逐渐扩大。由于钢梁端部经连接板过渡或盖板加强，保证了梁端焊缝不发生脆断，试件滞回曲线较饱满，均表现出较好的滞回耗能性能。

翼缘板过渡节点的滞回性能优于盖板加强型节点，表明采用连接板过渡能取得较好延性。试件 FPS-1 和 CPS-1 比试件 FPS-2 和 CPS-2 滞回曲线更为饱满，说明 Q690 高强度钢的转动变形能力明显低于 Q355 钢，耗能能力较差。试件 FPS-3 和 CPS-3 节点域经补强后承载力明显提高，但环体包围面积较小，滞回曲线没有试件

FPS-2 和 CPS-2 饱满，节点域经加强后节点刚度增大，承载力提高，但塑性变形能力变差，耗能能力降低。

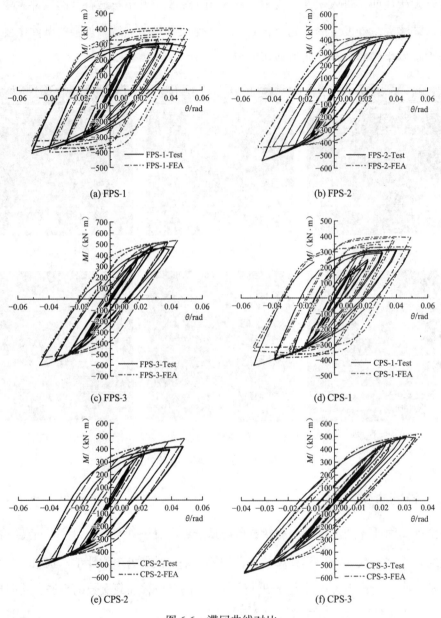

(a) FPS-1

(b) FPS-2

(c) FPS-3

(d) CPS-1

(e) CPS-2

(f) CPS-3

图 6-6　滞回曲线对比

6.1.4　骨架曲线

由图 6-7、图 6-8 可知：试件 FPS-2 的翼缘过渡板厚减小 25%，而极限承载力比 FPS-1 提高了 37%，试件 CPS-2 盖板厚度减小 20%，极限承载力比 CPS-1 提高了 24%，表明采用高强度钢板可以获得比普通钢材更高的承载力。柱节点域经加强后，节点的极限承载力分别提高了 14.14%、13.74%，但极限转角分别降低了 10.67%、35.38%，表明柱节点域贴焊补强板可以提高节点的承载能力，但限制了节点的转动变形能力。

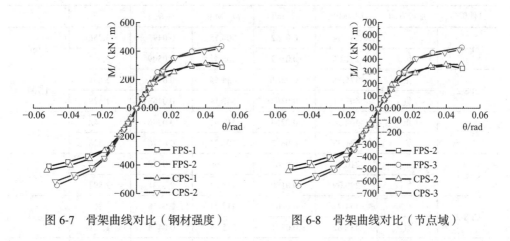

图 6-7　骨架曲线对比（钢材强度）　　　　图 6-8　骨架曲线对比（节点域）

6.1.5　刚度退化

　　试件刚度退化曲线见图 6-9。由图 6-9 可知，翼缘过渡板连接节点与盖板加强型连接各节点刚度退化曲线较为相近，表明连接形式对刚度退化的影响较小。试件 FPS-1 和 CPS-1 在加载初期的刚度退化稍快于试件 FPS-2 和 CPS-2；随着位移幅值的增加，试件刚度退化趋于一致，表明钢材等级对刚度退化影响较小。在整个加载过程中，柱节点域经过加强的 FPS-3、CPS-3 试件刚度明显高于未加强试件。

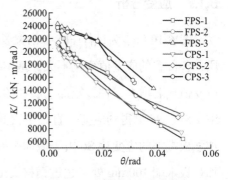

图 6-9　试件刚度退化曲线

6.1.6　延性系数

　　延性系数的主要试验结果见表 6-2。由表 6-2 可知，各试件延性性能均较好，具有一定的变形能力。翼缘过渡板连接节点的延性系数平均比盖板加强节点高 8.32%，这是由于盖板加强型节点的盖板和梁翼缘与柱直接焊接，连接刚度大，对节点的转动能力约束强；而采用过渡板连接的节点，梁翼缘不与柱直接焊接，节点的转动能力较好，提高了节点延性。试件 FPS-1 和 CPS-1 比 FPS-2、CPS-2 的延性系数分别提高了 83.92%、70.66%，表明 Q355 钢材具有较好的延性；试件 FPS-2、CPS-2 比

FPS-3、CPS-3 延性系数分别降低 14.06%、31.42%，表明柱节点域贴焊补强板降低了节点的延性。

延性系数 μ 表 6-2

试件编号	加载方向	M_y/MPa	θ_y/rad	M_u/MPa	θ_u/rad	μ	$\bar{\mu}$
FPS-1	正	235.54	0.0152	304.75	0.0495	3.256	3.134
	负	291.65	0.0169	408.41	0.0509	3.012	
FPS-2	正	375.98	0.0261	434.44	0.0491	1.881	1.704
	负	463.21	0.0303	542.14	0.0463	1.528	
FPS-3	正	462.38	0.0264	512.91	0.0386	1.462	1.494
	负	531.39	0.0312	601.71	0.0476	1.526	
CPS-1	正	210.92	0.0169	313.96	0.0488	2.888	2.891
	负	290.09	0.0180	438.04	0.0521	2.894	
CPS-2	正	364.71	0.0262	417.91	0.0476	1.817	1.694
	负	432.82	0.0301	515.57	0.0473	1.571	
CPS-3	正	449.27	0.0247	495.63	0.0313	1.267	1.289
	负	514.71	0.0296	566.15	0.0388	1.311	

6.1.7　应变分析

图 6-10（a）为试件 FPS-1 沿梁长方向的应变分布。加载初期，试件处于弹性阶段，各位置的应变值变化不大，基本符合平截面假定。随着梁端位移的增加，梁上应变值显著增大，柱腹板加劲肋处的应变片 S1 和 S2 以及梁端加强板处的应变片 S3、S4、S5 测得的应变一直处于较低水平，有效降低了梁端焊缝脆性断裂的风险。加强板端部的应变片 S6 由于截面突变，应变值进入塑性后急剧增加，最大应变在距加强板末端 100mm 处，超过钢材实测屈服应变，有效实现了塑性铰外移。

图 6-10（b）为试件 FPS-1 沿梁高方向的应变分布。加载初期，梁截面中和轴与腹板截面的中和轴基本重合；随着循环位移级的增加，梁截面中和轴与腹板的中和轴发生偏离。整个加载过程中，翼缘过渡板上的应力一直保持在较低水平，而梁上的应力呈增大趋势，且梁翼缘截面处应力大于梁腹板；当加载到位移循环 68mm 级，S5-2、S5-7 处的应变达到钢材实测屈服应变，其余部位的钢材均未屈服。

图 6-10（c）为试件 FPS-1 梁腹板的应变分布。整个加载过程中，梁腹板受拉区应变速率增长较快。当加载到位移循环 34mm 级，靠近梁翼缘处 S7-2、S7-5 应变片的应变已超过钢材的屈服值，表明该处梁翼缘、腹板已部分进入塑性。加载到位移循环 51mm 级，应变片 S7-2 处的塑性向下发展至 S7-3 也达到屈服应变，梁腹板大

面积进入塑性状态。

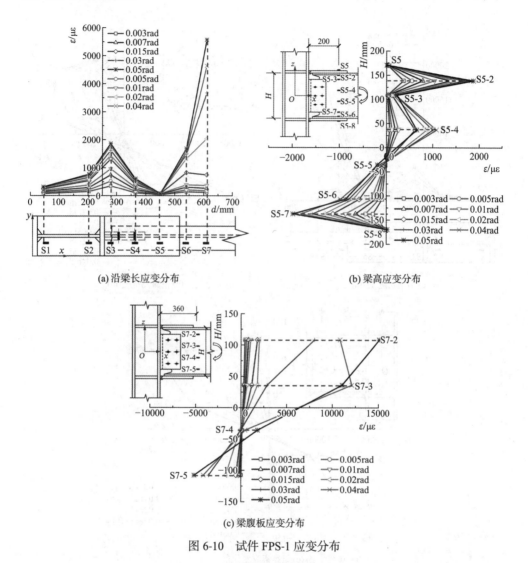

(a) 沿梁长应变分布　　(b) 梁高应变分布

(c) 梁腹板应变分布

图 6-10　试件 FPS-1 应变分布

图 6-11（a）为试件 CPS-1 沿梁长方向的应变分布。试件 CPS-1 与试件 FPS-1 各个位置处的应变变化趋势基本一致，应变值均在距加强板末端 100mm 处达到最大，超过钢材的实测屈服应变。此外，盖板加强型节点由于盖板与梁柱直接相连，在梁柱交接处应力集中现象更为明显，应变片 S3 的应变值超过了钢材屈服应变。由图 6-11（b）可知，整个加载过程中，盖板上的应力保持在较低水平，始终处于弹性阶段。当加载到位移循环 51mm 级，S5-3、S5-7 位置首先开始屈服；加载到 68mm 级，应变片 S5-4、S5-6 的应变值也超过钢材屈服应变，进入塑性。由图 6-11（c）可知，加载到位移循环 26mm 级，S7-2 位置首先进入屈服；随着位移级的增加，塑性逐渐向下发展，达到位移循环 51mm 级时，各个位置处应变值均超过钢材屈服应变，

表明梁腹板整体进入塑性。

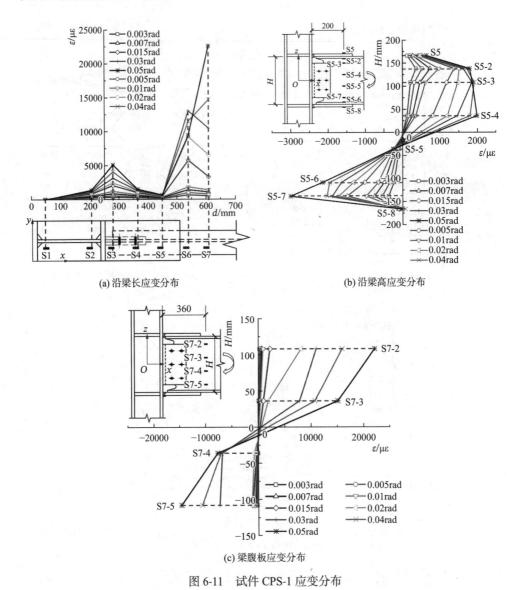

(a) 沿梁长应变分布

(b) 沿梁高应变分布

(c) 梁腹板应变分布

图 6-11 试件 CPS-1 应变分布

6.1.8 应力云图

试件 FPS-1、FPS-2、FPS-3 的应力分布情况见图 6-12～图 6-14。由图 6-12 可知，位移加载至 0.005～0.03rad，试件 FPS-1 的应力水平增长较快，当加载到 0.03rad 时，应力最大约为 803MPa，位于柱腹板附近，过渡板端部上下翼缘的局部应力达到 535MPa，此时梁翼缘部分已进入了塑性。继续加载至 0.05rad 时，梁翼缘处的应力向梁腹板中心发展，此时梁腹板最大应力约为 549MPa，表明腹板进入了塑性阶段。试件最大应力区域未发生转移，但最大应力值出现下降，约为 733MPa。

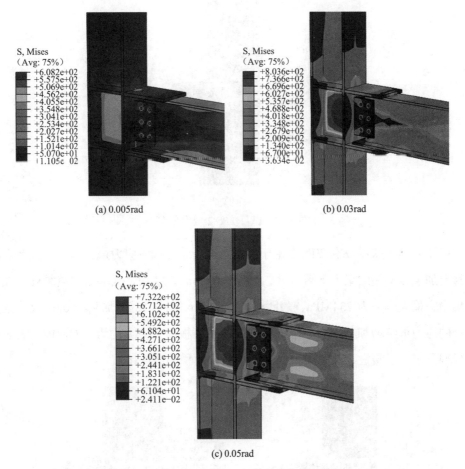

(a) 0.005rad　　　　　　(b) 0.03rad

(c) 0.05rad

图 6-12　试件 FPS-1 应力分布

由图 6-13 可知，加载至 0.03rad 时，试件 FPS-2 柱腹板中心处应力达到最大，应力值为 864MPa，表明此时柱腹板中心处进入塑性，梁上应力最大值为 720MPa，达到钢材屈服应力。继续加载至 0.05rad，柱节点域大面积进入塑性，应力最大值约为 904MPa。梁上最大应力可达 753MPa，塑性面积比 0.03rad 时有所扩大。

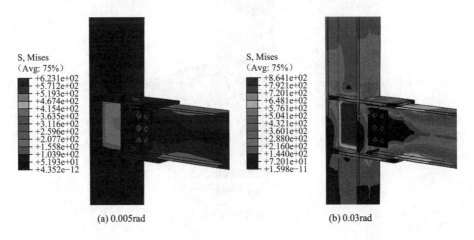

(a) 0.005rad　　　　　　(b) 0.03rad

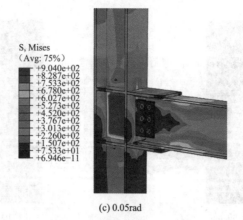

(c) 0.05rad

图 6-13 试件 FPS-2 应力分布

由图 6-14 可知，试件 FPS-3 由于柱腹板进行了加强，应力最大部位由柱节点域转移至加强板末端的梁上下翼缘处，加载至 0.03rad 时，加强板端的梁翼缘处存在应力集中，最大应力为 734MPa，表明梁翼缘已进入塑性。继续加载至 0.05rad，梁翼缘处的应力继续增加且向梁腹板中心发展，梁腹板最大应力约为 773MPa，表明梁腹板部分进入了塑性，此时梁截面形成了较大面积的塑性区域。

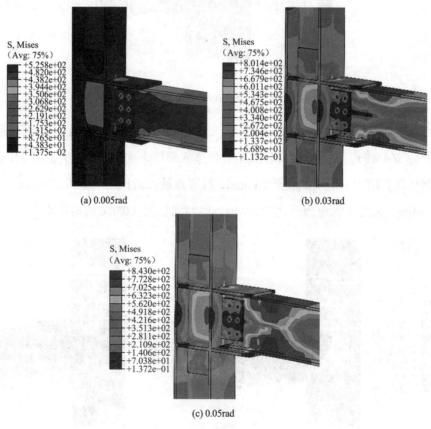

(a) 0.005rad   (b) 0.03rad

(c) 0.05rad

图 6-14 试件 FPS-3 应力分布

6.1.9　参数分析

1. 翼缘过渡板厚度

为分析翼缘过渡板厚度对节点承载能力的影响，设计了一系列翼缘过渡板厚度 t_p 不同的试件 FPS-T1～FPS-T4，试件基本信息见表 6-3。翼缘过渡板厚度 t_p 与节点的极限承载力 M_u 和延性系数 μ 的关系可以由 t_p-M_u 曲线、t_p-μ 曲线直观表示，如图 6-15、图 6-16 所示，试件的刚度退化曲线如图 6-17 所示。由图 6-15～图 6-18 可知：翼缘过渡板厚度由 12mm 增加到 18mm，极限承载力仅增加了 0.77%，表明翼缘过渡板厚对节点的承载性能影响较小；延性系数呈现出先增后减的趋势，当厚度小于 $1.2t_b$，延性系数随翼缘过渡板厚度的增加而增大，而当厚度大于 $1.2t_b$ 时，随厚度的增加而减小。随着翼缘过渡板厚度的增大，试件的初始刚度提高了 4.76%，但随着荷载的增加，试件的刚度退化曲线趋于重合。建议翼缘过渡板的厚度取 $(1.2\sim1.4)t_b$。

FPS-T 系列试件　　　　　　　　　　　　　表 6-3

试件	FPS-T1	FPS-T2	FPS-T3	FPS-T4
t_p（mm）	$t_b=12$	$1.17t_b=14$	$1.33t_b=16$	$1.5t_b=18$
l_p（mm）	260	260	260	260

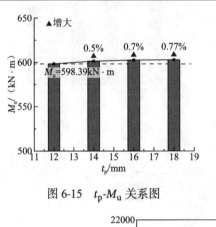

图 6-15　t_p-M_u 关系图　　　　　　图 6-16　t_p-μ 关系图

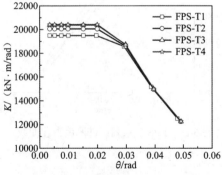

图 6-17　FPS-T 系列试件刚度退化曲线

2. 翼缘过渡板长度

保持试件的其他参数不变，仅改变翼缘过渡板的长度 L，共设计了 4 个试件 FPS-L1～FPS-L4，具体尺寸如表 6-4 所示。类似地，得到刚度退化曲线等计算结果如图 6-18～图 6-20 所示。

FPS-L 系列试件　　　　　　　　　　　表 6-4

试件	FPS-L1	FPS-L2	FPS-L3	FPS-L4
l_p（mm）	$0.5h_b = 150$	$0.63h_b = 190$	$0.73h_b = 220$	$0.86h_b = 260$
t_p（mm）	12	12	12	12

由图 6-18、图 6-19 可知：过渡板长度对节点性能影响较大，当过渡板长度由 150mm 增加到 260mm 时，节点的极限承载力提高了 8.18%，延性仅降低了 2.45%，初始刚度提高了 8.35%。随着翼缘过渡板长度的增加，塑性铰到柱边缘的距离增大，节点的承载力提高，但柱翼缘处的塑性弯矩 M_f 增大，节点域剪切变形较大，限制了节点塑性变形的发展。建议翼缘过渡板长度取 $(0.6\sim0.85)h_b$。

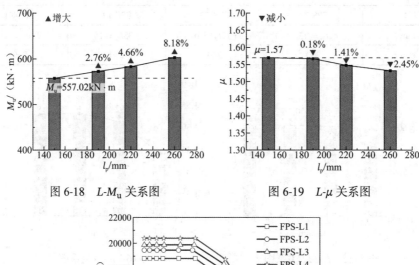

图 6-18　L-M_u 关系图　　　　　　　图 6-19　L-μ 关系图

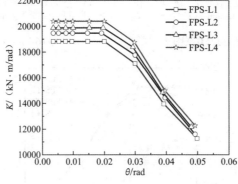

图 6-20　FPS-L 系列试件刚度退化曲线

3. 盖板厚度

通过改变盖板厚度，分析其对节点性能的影响，共设计了 4 个试件 CPS-T1～

CPS-T4，如表 6-5 所示。相关计算结果见图 6-21～图 6-23。

试件	CPS-T1	CPS-T2	CPS-T3	CPS-T4
		CPS-T 系列试件		表 6-5
t_p（mm）	$0.5t_b = 6$	$0.67t_b = 8$	$0.83t_b = 10$	$t_b = 12$
l_p（mm）	260	260	260	260

由图 6-21、图 6-22 可知：盖板厚度由 6mm 增加到 12mm，极限承载力仅增加 0.92%，延性降低 2.87%，初始刚度增加 3.04%，表明增加盖板厚度对节点的抗震性能影响较小。盖板加强型节点由于盖板与梁翼缘和柱翼缘直接连接，厚度取值不宜过大，建议取 $(0.7～1.1)t_b$。

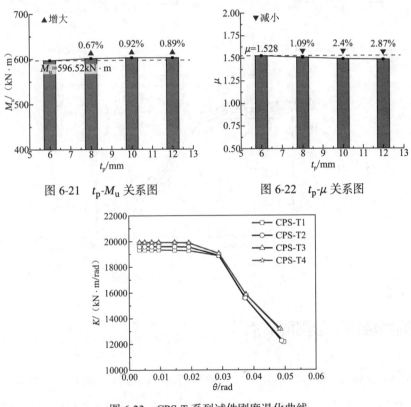

图 6-21　t_p-M_u 关系图　　　　图 6-22　t_p-μ 关系图

图 6-23　CPS-T 系列试件刚度退化曲线

4. 盖板长度

通过改变盖板长度，分析其对节点性能的影响，共设计了 4 个试件 CPS-L1～CPS-L3，如表 6-6 所示。相关计算结果见图 6-24～图 6-26。

由图 6-24、图 6-25 可知，盖板长度对节点性能有一定影响，盖板长度由 150mm 增加到 260mm，节点的极限承载力提高了 8.52%，延性降低了 4.46%，初始刚度提高了 6.10%。建议盖板长度取 $(0.6～0.85)h_b$。

CPS-L 系列试件   表 6-6

试件	CPS-L1	CPS-L2	CPS-L3	CPS-L4
l_p（mm）	$0.5h_b = 150$	$0.63h_b = 190$	$0.73h_b = 220$	$0.86h_b = 260$
t_p（mm）	12	12	12	12

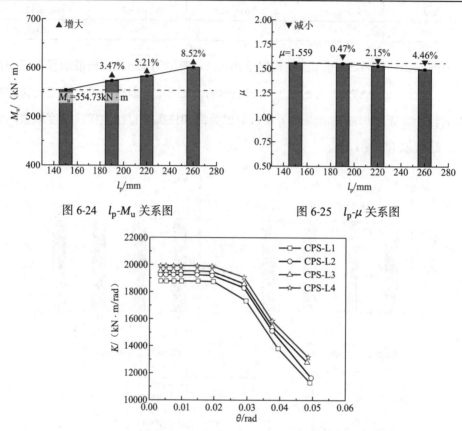

图 6-24 l_p-M_u 关系图   图 6-25 l_p-μ 关系图

图 6-26 CPS-L 系列试件刚度退化曲线

6.2 高强度钢锥形削弱节点

根据 FEMA-350 规定对梁翼缘进行锥形削弱参数设计（图 6-27），制作了锥形削弱型（BFW）、翼缘过渡板锥形削弱型（FRCW）和盖板加强锥形削弱型（CRCW）节点试件，详细参数见表 6-7。

试件参数   表 6-7

试件编号	连接形式	梁（Q690）	柱（Q690）	补强板（Q690）	削弱参数			
					a	L	c	d
BFW	锥形削弱型	H300 × 130 × 8 × 12	H250 × 200 × 10 × 16	218 × 600 × 8	140	250	95	80
FRCW	翼缘过渡板锥形削弱型			218 × 632 × 8	30	280	80	65
CRCW	盖板加强锥形削弱型			218 × 620 × 8	30	280	80	65

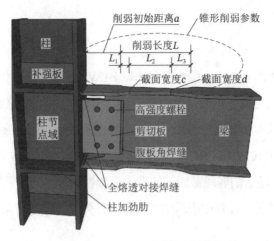

图 6-27　锥形削弱型节点示意

6.2.1　试验现象

对于 BFW 节点,加载至 26mm 级的第 2 圈时,钢梁在翼缘削弱处发生轻微的面外扭转;加载至 85mm 级的第 1 圈时,钢梁下翼缘距梁端约 320mm 处发生轻微屈曲,见图 6-28(a);加载至−99mm 试验结束,此时钢梁腹板在距梁端约 270mm 处发生"鼓曲"。对于 FRCW 和 CRCW 组合型节点,加载至 68mm 级第 1 圈时,FRCW 节点正向承载力开始下降,而反向承载力仍处于上升趋势,距梁端约 480mm 处钢梁下翼缘出现局部屈曲,对应钢梁腹板出现局部面外屈曲,如图 6-28(b)所示。CRCW 节点在加载至 68mm 第一圈时,钢梁上翼缘发生局部屈曲;加载至 68mm 级的第 2 圈时,FRCW 节点与 CRCW 节点均在钢梁的削弱区发生面外失稳,如图 6-28(c)所示,且 CRCW 节点钢梁腹板发生面外屈曲,如图 6-28(d)所示。综上所述,对于组合型节点,其破坏位置主要在梁翼缘削弱处发生局部屈曲,并伴随有面外失稳。

(a) BFW 钢梁　　　　(b) FRCW 钢梁屈曲　　　　(c) CRCW 钢梁　　　　(d) CRCW 钢梁
下翼缘轻微屈曲　　　　　　　　　　　　　翼缘削弱区失稳　　　　腹板轻微屈曲

图 6-28　试验破坏现象

6.2.2　滞回曲线

试件滞回曲线见图 6-29。由图 6-29 可知，BFW 试件加载至 0.02rad 时，锥形削弱段最小截面 d 处进入全截面塑性；当加载至 0.025rad 时，削弱段截面 c 处也进入了全截面塑性，削弱区基本实现同步塑性。进入全塑性阶段后，削弱梁段由于侧向刚度较小发生平面外扭转。FRCW 和 CRCW 组合节点，当加载至 0.015rad 时，削弱段截面 d 处的弯矩达到 $M_{pb,d}$，随后削弱段截面 c 处进入全塑性阶段。当削弱段进入全截面塑性后，在正向加载（受压）过程中削弱梁段出现面外失稳，最终转角达到 0.04rad 以上。

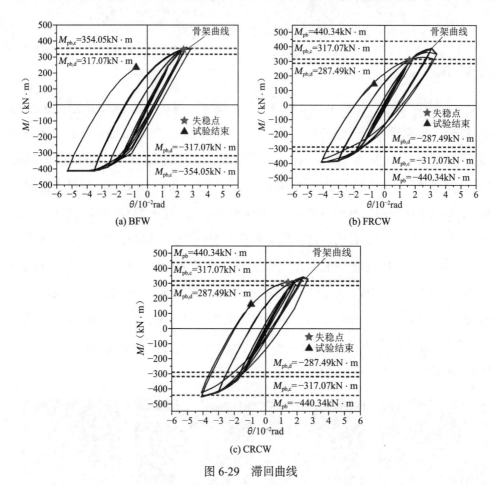

图 6-29　滞回曲线

6.2.3　骨架曲线

试件骨架曲线见图 6-30。由图 6-30（a）可以看出，当梁端转角 θ < 0.01rad 时，锥形削弱节点的刚度无明显变化；当梁端转角 θ > 0.01rad 后，骨架曲线出现不同程度分离。正向加载至 0.025rad 后，削弱梁段出现面外屈曲，承载力开始降低。负向加载曲线表明，三种锥形削弱节点在转角达到 0.04rad 后仍可承载，具有较好的塑性变形能力。由图 6-30（b）可知，梁端转角 $\theta > 0.006$rad 后，骨架曲线开始出现分离。当转角达到 0.017rad 后，FRCW 和 CRCW 试件的骨架曲线斜率放缓，节点极限承载力和刚度明显小于纯加强型节点。FRCW 试件的极限承载力比 FPS-3 降低了 29.75%，CRCW 试件的极限承载力比 CPS-3 降低了 25.2%，说明钢梁经过削弱后整体刚度下降，降低了节点的承载力。

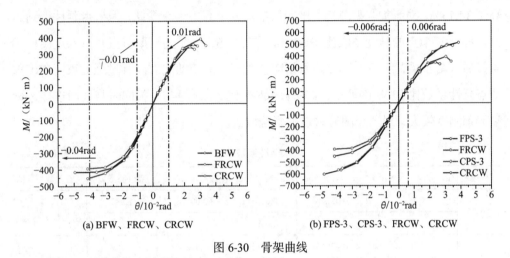

(a) BFW、FRCW、CRCW　　　　(b) FPS-3、CPS-3、FRCW、CRCW

图 6-30　骨架曲线

6.2.4　刚度退化曲线

试件刚度退化曲线见图 6-31。由图 6-31 可知：在整个加载过程中，FPS-3 节点与 CPS-3 节点的割线刚度明显高于 BFW 节点、FRCW 节点、CRCW 节点。在加载初期，各试件均处于弹性阶段，刚度退化趋势较为缓和；加载至 0.017rad，试件进入塑性，节点刚度退化加剧。

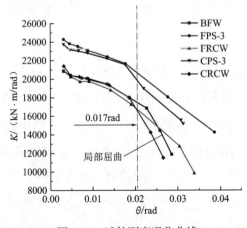

图 6-31　试件刚度退化曲线

6.2.5 延性系数

试件延性系数见表 6-8。由表 6-8 可知，延性最好的为 BFW 试件，而 CPS-3 试件延性最差。FRCW 节点塑性转角比 FPS-3 提高了 7.8%，CRCW 节点塑性转角比 CPS-3 提高了 39.7%，说明削弱后节点塑性铰区域增大，使节点塑性变形能力明显提高。FRCW 节点延性系数比 FPS-3 提高了 12.47%，CRCW 延性系数比 CPS-3 提高了 14.13%，对于加强型节点，削弱后节点的承载力虽有降低，但节点延性得到提升。FRCW 节点的延性系数比 BFW 降低 2.33%，表明削弱型节点经翼缘过渡板式连接后，由于梁翼缘不直接与柱面相连，对节点的转动能力没有过强约束。CRCW 节点延性系数比 BFW 降低了 14.39%，是由于梁端翼缘与盖板同时与柱面连接，梁端局部刚度较大，对节点的转动能力影响较大。

延性系数 表 6-8

试件编号	加载方向（推为正）	屈服转角/rad	极限转角/rad	塑性转角/rad	延性系数 μ	延性系数平均值
BWF	正	0.02226	0.02854	0.00628	1.282	1.717
	负	0.02293	0.04936	0.02643	2.153	
FPS-3	正	0.02643	0.03857	0.01214	1.459	1.491
	负	0.03123	0.04758	0.01635	1.523	
FRCW	正	0.02208	0.03471	0.01263	1.572	1.677
	负	0.02312	0.04119	0.01807	1.782	
CPS-3	正	0.02473	0.03131	0.00658	1.266	1.288
	负	0.02960	0.03878	0.00918	1.310	
CRCW	正	0.01891	0.02655	0.00764	1.404	1.470
	负	0.02682	0.04119	0.01437	1.536	

6.2.6 应变分析

BFW 节点节点域附近的应变分布情况见图 6-32。由图 6-32（a）可知，柱腹板加劲肋处的应变片 Sg1、Sg2 以及钢梁翼缘削弱区末的应变片 Sg8 处的应变值较低，处于弹性状态；梁翼缘最大应变分布于截面削弱区，当层间位移角 $\theta \leqslant 0.013$rad 时，梁端削弱部分的应变同时发展，与试件的性能设计目标相同。随着位移荷载的增加，由于存在应力集中，削弱区的应变片 Sg5、Sg6、Sg7 处首先进入塑形工作状态，参与耗散地震能量。在加载后期，塑性区继续向梁端发展，试件出现不同程度的面外弯扭变形，Sg6 处应变发生了"卸载"现象。在整个加载过程中，位于柱腹板加劲肋处的应变片 Sg1、Sg2

以及削弱区末端 Sg8 均未超出钢材屈服应变，处于弹性阶段。由图 6-32（b）可知，在层间位移角 θ ≤ 0.017rad 时，梁腹板沿梁高方向的应变片 Sg5-1、Sg5-2、Sg5-3 和 Sg5-4 的变化趋势基本符合梁平截面假设，梁截面中性轴位置与梁腹板截面的中心轴基本重合。加载后期，钢梁中心轴呈上移趋势，靠近梁下翼缘位置的应变变化速率增快，在最后两级位移加载时，靠近梁下翼缘的应变片 Sg5-4 处首先进入屈服状态，随后塑性继续向上发展至 Sg5-3 处进入塑性状态；靠近梁上翼缘位置的拉应变变化速率变慢，在靠近梁中心轴上部的应变片 Sg5-2 处在层间位移角 θ = 0.035rad 时出现"卸载"现象。

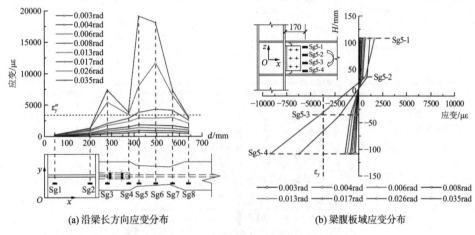

(a) 沿梁长方向应变分布　　　　　(b) 梁腹板域应变分布

图 6-32　BFW 节点节点域附近应变分布

图 6-33 为 BFW 试件梁翼缘削弱位置的应变沿梁高方向的变化趋势图。由图 6-33 可知，试件在层间位移角 θ ≤ 0.017rad 时，削弱区沿梁高位置处的应变变化均满足平截面假定，试件处于弹性阶段；当 θ > 0.017rad 时，随着加载次数的增加，梁截面中性轴位置偏离梁腹板中心轴，受拉区截面的拉应力逐渐增大且增速较快，梁腹板位置 Sg6-1、Sg7-1 的应变值均超出相应厚度实测钢材的屈服应变，说明该位置处钢材进入塑形阶段并参与耗能。由于试件发生面外弯扭，导致后续加载过程中靠近梁下翼缘处的应变水平较低，塑性面积未能增大，故试件不能有效地参与耗能。综上所述，试件 BFW 塑性变形仅发生于梁上翼缘削弱区附近，在地震作用下，该区域首先进入塑性阶段参与耗能，而塑性区并未发展完全，试件仍具备一定的耗能能力。

图 6-34 为 FRCW 节点节点域附近应变分布情况。由图 6-34（a）可知，当梁端转角 θ = 0.014rad 时，梁翼缘削弱区 Sg8、Sg9 位置首先屈服；θ = 0.019rad 时，塑性发展至削弱区起始端 Sg7 处，整个削弱区段进入塑性，基本达到同步塑性设计要求。在后续加载过程中，由于梁翼缘削弱截面出现面外弯扭失稳，导致 Sg6、Sg7 出现"卸载"现象。由图 6-34（b）可知，在转角 θ ≤ 0.03rad 时，梁腹板截面应变变

化符合平截面假设；当 $\theta = 0.034\text{rad}$ 时，由于削弱截面出现面外扭转，梁腹板中心轴以上部位出现"卸载"现象，应变值均未超出钢材屈服应变。加载过程中梁节点域始终处于弹性，保证了塑性铰外移的设计目标。

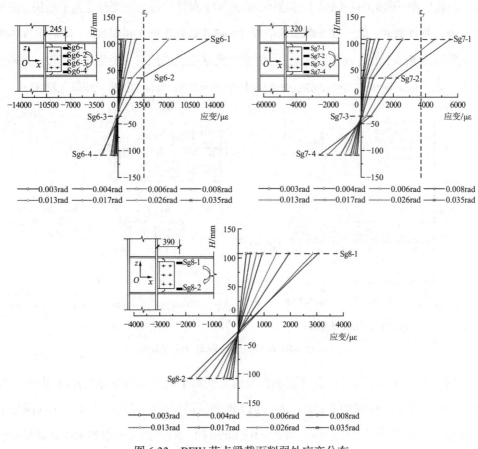

图 6-33 BFW 节点梁截面削弱处应变分布

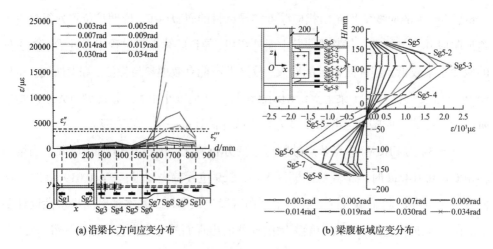

(a) 沿梁长方向应变分布   (b) 梁腹板域应变分布

图 6-34 FRCW 节点节点域附近应变分布

FRCW 节点梁截面削弱处应变分布情况见图 6-35。由图 6-35 可知，在层间位移角 $\theta < 0.019\text{rad}$ 时，梁腹板沿梁高方向的应变符合平截面假定，中性轴位于梁腹板中轴以下。$\theta = 0.019\text{rad}$ 时，梁腹板 Sg8-1 处首先进入塑性，随着持续增加，梁腹板区域 Sg7-4、Sg8-2、Sg8-4、Sg9-1、Sg7-1 依次进入塑性。$\theta = 0.034\text{rad}$ 时，由于削弱处发生了面外弯扭失稳，部分应变片出现"卸载"现象，如 Sg8-4 和 Sg9-1 等位置。试件 FRCW 节点域、柱腹板以及翼缘连接板始终处于弹性，塑性区域主要在翼缘削弱处。

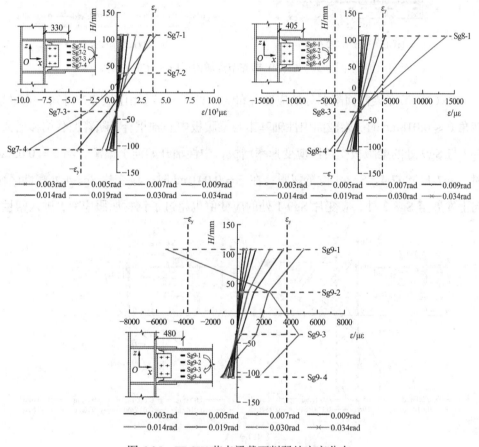

图 6-35　FRCW 节点梁截面削弱处应变分布

CRCW 节点节点域附近的应变分布情况见图 6-36。由图 6-36（a）可知，梁端转角 $\theta = 0.014\text{rad}$ 时，梁截面削弱最大处 Sg9 首先进入塑性；随着位移级的增加，整个削弱区段进入塑性，基本达到同步塑性设计要求。加载至后期，试件出现了面外扭转，削弱区 Sg6、Sg7 处产生了"卸载"现象。由图 6-36（b）可知，节点域中性轴位于梁腹板中心轴以下，随着加载次数的增加，靠近梁上翼缘的拉应变较大，但未超过钢材屈服应变，靠近下翼缘位置的压应变增速较缓，甚至出现了"卸载"现象。

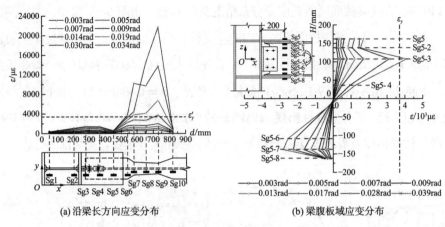

(a) 沿梁长方向应变分布   (b) 梁腹板域应变分布

图 6-36   CRCW 节点节点域附近应变分布

CRCW 节点梁截面削弱处的应变分布情况见图 6-37。由图 6-37 可知，当梁端转角 $\theta \leqslant 0.018\text{rad}$ 时，梁截面中性轴基本与梁腹板中心轴重合，随着加载位移增大，Sg7 与 Sg9 处的梁腹板受拉区应变速率增快，中性轴开始向下偏离。当 $\theta = 0.03\text{rad}$ 时，Sg7-1、Sg7-4、Sg8-4 位置屈服；在 $\theta = 0.041\text{rad}$ 时，应变片 Sg8-4 处塑性区域向上发展至 Sg8-3 处，应变片 Sg9-1 处的应变值也超过了钢材屈服应变，进入塑性。

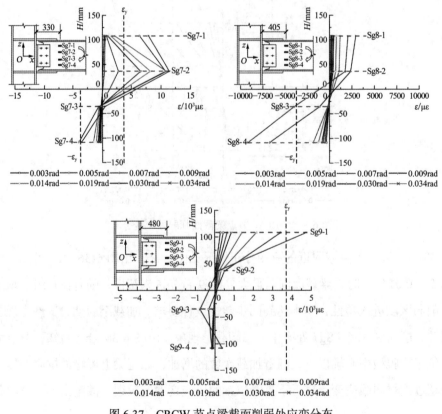

图 6-37   CRCW 节点梁截面削弱处应变分布

6.2.7　应力云图

各节点的 von Mises 应力分布情况见图 6-38～图 6-40。由图 6-38 可知,BFW 试件在加载至转角为 0.025rad 时,梁翼缘削弱处的应力已达到 807.8MPa,表明此时梁翼缘削弱处已经进入屈服状态,且最大应力分布基本在钢梁锥形削弱的整个削弱长度;随着转角持续增加至 0.035rad,节点的承载力不断增加,且屈服应力不断从钢梁翼缘削弱处向钢梁腹板进行扩展［图 6-38(b)］;位移加至最后一个循环(此时转角为 0.049rad)时,梁端下翼缘出现屈曲,且靠近梁下翼缘处的腹板出现鼓曲,导致该区域的应力重分布,其承载能力略有下降［图 6-38(c)］,此时屈服区域主要集中在梁翼缘削弱处以及相对应的梁腹板部分区域。

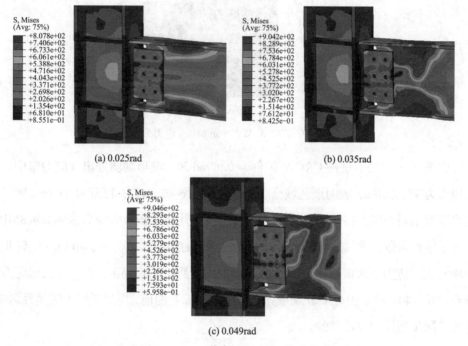

(a) 0.025rad　　　　(b) 0.035rad

(c) 0.049rad

图 6-38　BFW 节点 von Mises 应力分布

由图 6-39 可知,试件 FRCW 在转角为 0.02rad 时,应力最大区域位于钢梁锥形削弱处,应力最大值达到 765MPa［图 6-39(a)］,梁翼缘锥形削弱处此时已进入塑性。转角达到 0.03rad 时,应力发展迅速,最大区域向梁腹板中心发展,梁腹板最大应力 771.8MPa［图 6-39(b)］;加载至 0.04rad 时,梁上翼缘出现屈曲,梁腹板发生鼓曲现象,最大应力达到 901.8MPa,出现明显面外扭转,梁腹板应力持续发展［图 6-39(c)］。

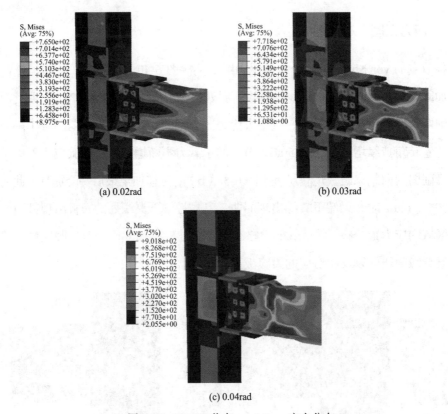

(c) 0.04rad

图 6-39　FRCW 节点 von Mises 应力分布

　　由图 6-40 可知，试件 CRCW 转角为 0.02rad 时，锥形削弱处出现应力集中，最大应力为 755.6MPa，表明该区域已进入塑性［图 6-40（a）］；转角为 0.03rad 时，梁翼缘锥形削弱处应力持续增加，并向梁腹板扩展，此时腹板最大应力达到 808.8MPa，进入了塑性阶段，梁截面削弱处形成了较大面积的塑性区域［图 6-40（b）］；转角为 0.04rad 时，应力最大值达到 897.7MPa，梁翼缘与腹板出现局部屈曲，该区域应力重分布［图 6-40（c）］。组合型节点在翼缘与腹板局部屈曲前，均出现较大的塑性区域，达到了同步塑性的设计目的。

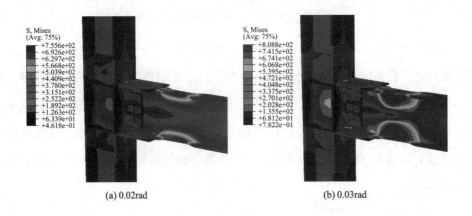

(a) 0.02rad　　　　　　　　　　　　　　　(b) 0.03rad

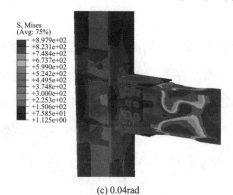

(c) 0.04rad

图 6-40　CRCW 节点 von Mises 应力分布

6.2.8　参数分析

为研究锥形削弱初始距离 a、削弱长度 L_1、L_2、L_3 及截面削弱宽度 d 对节点的抗震性能影响，设计了 5 组削弱参数进行拓展分析，锥形削弱深度 $d = rb_f$，$c = (1 + r)b_f/2$，其中 b_f 为梁翼缘截面宽度，r 为梁翼缘截面宽度比例系数，试件命名方式及具体参数见表 6-9。

削弱参数　　　　　　　　　　　　　　　　　　　　　表 6-9

系列	试件编号	a	L_1	L_2	L_3	c	d
BFW-A	BFW-A1	$0.3h_b = 90$	30	150	70	94	80
	BFW-A2	$0.4h_b = 120$	30	150	70	94	80
	BFW	140	30	150	70	94	80
	BFW-A3	$0.5h_b = 150$	30	150	70	94	80
BFW-L_1	BFW-B1	140	$0.05h_b = 15$	150	70	94	80
	BFW	140	$0.1h_b = 30$	150	70	94	80
	BFW-B2	140	$0.15h_b = 45$	150	70	94	80
	BFW-B3	140	$0.2h_b = 60$	150	70	94	80
BFW-L_2	BFW-B4	140	30	$0.4h_b = 120$	70	94	80
	BFW-B5	140	30	$0.45h_b = 135$	70	94	80
	BFW	140	30	$0.5h_b = 150$	70	94	80
	BFW-B6	140	30	$0.55h_b = 165$	70	94	80
BFW-L_3	BFW-B7	140	30	150	$0.15h_b = 45$	94	80
	BFW	140	30	150	70	94	80
	BFW-B8	140	30	150	$0.3h_b = 90$	94	80
	BFW-B9	140	30	150	$0.4h_b = 120$	94	80
BFW-D	BFW-D1（$r = 0.5$）	140	30	150	70	98	65
	BFW（$r = 0.61$）	140	30	150	70	94	80
	BFW-D2（$r = 0.65$）	140	30	150	70	108	85
	BFW-D3（$r = 0.7$）	140	30	150	70	110	91

1. 初始距离 a

BFW-A 系列试件的相关计算结果见图 6-41。由图 6-41 可知，削弱初始距离 a 增加 60mm，初始刚度仅提高了 0.34%，表明增加削弱初始距离对锥形削弱型节点的初始刚度基本无影响。削弱初始距离增加后，由于弯矩沿梁长逐渐变小，试件极限荷载提高了 3.20%，而延性系数降低了 5.04%，呈线性下降趋势。在考虑加工制作方便、焊接热量输入对焊缝质量的影响及节点构造要求后，建议 a 取 $(0.4\sim 0.5)h_b$。

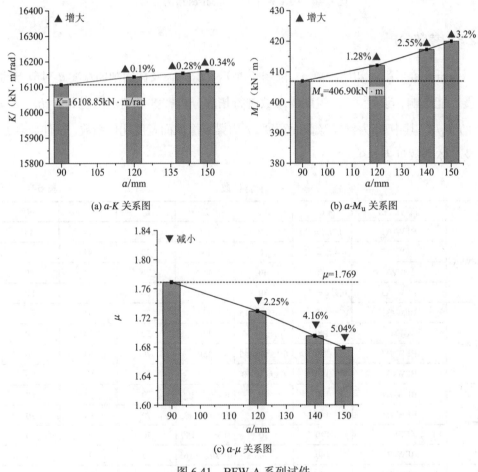

(a) a-K 关系图

(b) a-M_u 关系图

(c) a-μ 关系图

图 6-41　BFW-A 系列试件

2. 削弱长度 L_1

BFW-L_1 系列试件的相关计算结果见图 6-42。由图 6-42 可知，当削弱长度 L_1 由 15mm 增加至 60mm 时，试件初始刚度仅降低 0.12%，节点的极限强度提高不足 3%，延性降低了 3.66%，说明削弱长度 L_1 对节点抗震性能影响较小，满足加工斜率构造要求即可。

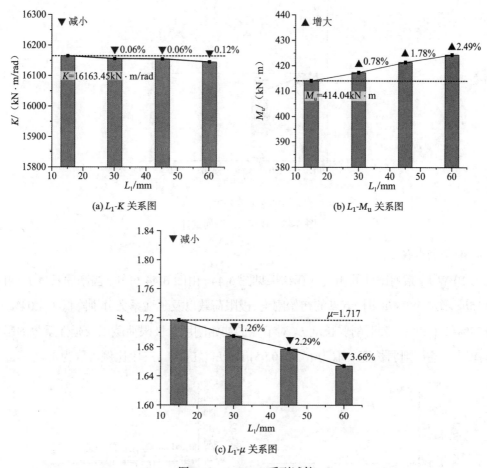

(a) L_1-K 关系图

(b) L_1-M_u 关系图

(c) L_1-μ 关系图

图 6-42　BFW-L_1 系列试件

3. 削弱长度 L_2

BFW-L_2 系列试件的相关计算结果见图 6-43。由图 6-43 可知：当削弱长度 L_2 由 $0.4h_b$ 增加至 $0.55h_b$ 时，节点的初始刚度和极限荷载的变化幅度仅在 1% 左右，延性系数降低了 2.6%，说明削弱长度 L_2 对节点的抗震性能影响较小。

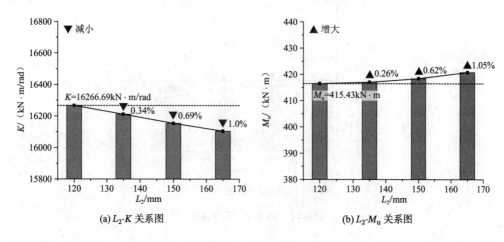

(a) L_2-K 关系图

(b) L_2-M_u 关系图

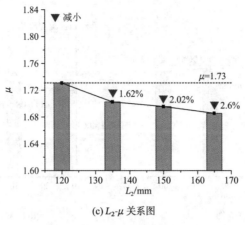

(c) L_2-μ 关系图

图 6-43　BFW-L_2 系列试件

4. 削弱长度 L_3

BFW-L_3 系列试件的相关计算结果见图 6-44。由图 6-44 可知：当削弱长度 L_3 由 $0.15h_b$ 增加至 $0.4h_b$ 时，节点的初始刚度、极限荷载以及延性系数分别降低了 1.04%、0.37% 和 1.57%，表明削弱长度 L_3 对节点的初始刚度、极限荷载以及延性系数的影响较小。建议削弱长度 L 取为 $(0.6\sim0.95)h_b$，L_1、L_2、L_3 三段比例可取为 $1:5:2$。

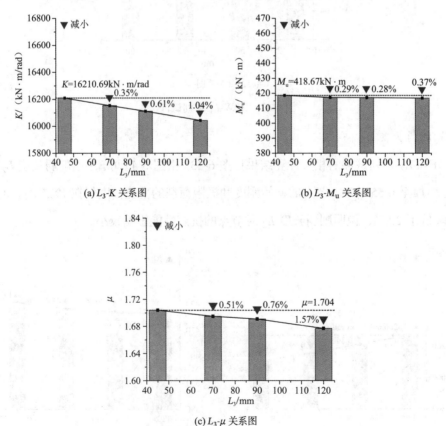

(a) L_3-K 关系图　　　　　(b) L_3-M_u 关系图

(c) L_3-μ 关系图

图 6-44　BFW-L_3 系列试件

5. 削弱宽度 d

BFW-D 系列试件的相关计算结果见图 6-45，其中，$R = d/b_f$。由图 6-45 可知：当削弱宽度 d 由 $0.5b_f$ 增加至 $0.7b_f$ 时，节点的初始刚度增加了 4.38%，极限荷载增加了 20.63%，而延性系数降低了 10.69%。当削弱宽度 d 为 $0.6b_f \sim 0.65b_f$ 时，节点的极限承载力增长最快，延性系数呈线性下降；当削弱宽度大于 $0.65b_f$ 时，增速变缓。建议截面削弱宽度 d 取值为 $(0.6 \sim 0.7)b_f$。

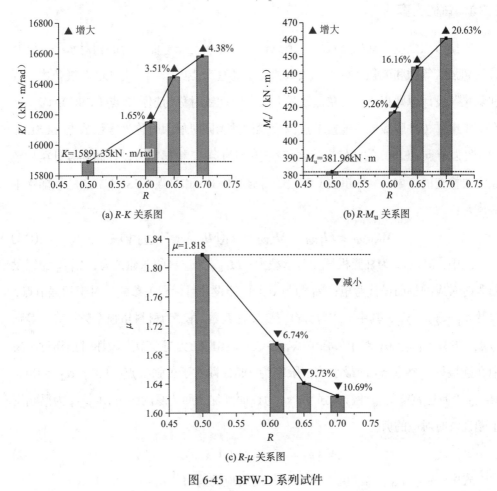

(a) R-K 关系图　　　　　　　　(b) R-M_u 关系图

(c) R-μ 关系图

图 6-45　BFW-D 系列试件

6.3　高强度钢外伸端板连接节点

外伸端板连接是典型的半刚性连接，EC 3 规范[8]根据连接强度将梁柱节点屈服机制分为超强、欠强和铰接三种，强震作用下呈现出不同的能量耗散行为。超强节点要求在框架梁上形成塑性铰耗散地震能量，欠强节点的能量耗散区主要集中在连接上，普通铰接节点仅用于传递结构的内力。《钢结构设计标准》GB 50017—2017[9]

增加了等强节点，强震作用下连接和钢梁可同时屈服参与耗能。本节共设计了 3 种不同屈服机制的高强度钢外伸端板节点，分别对应超强、等强和欠强节点。为满足前两种节点抗震性能目标，同时提升节点延性，采用同步塑性设计理念对钢梁翼缘进行局部削弱。通过循环加载试验，研究三种不同屈服机制节点的破坏模式、刚度和承载力、耗能能力以及应变分布规律等，验证节点能力设计计算的有效性。

6.3.1　试验方案

根据节点强度（即柱腹板域与节点连接部分）与梁弯曲抗力的相对水平，将其分为超强、等强和欠强 3 种不同失效机制的梁柱节点[10]。（1）与 EC 8 规范中"强柱弱梁"设计原则相似，仅在框架梁上形成塑性铰时称为超强节点（ESF）；（2）所有宏观组件（柱腹板域、连接节点以及梁构件）同时屈服时称为等强节点（ESE）；（3）欠强节点（ESP）的塑性变形区仅在连接处形成。根据能力设计原则设计梁柱节点需要检查的区域，梁柱超强（ESF）、等强（ESE）和欠强（ESP）节点的性能水平应满足：

$$M_{\text{wp,Rd}} \geqslant M_{\text{j,Rd}} \geqslant M_{\text{j,Ed}} = \alpha_{\text{d}}(M_{\text{B,Rd}} + V_{\text{B,Ed}}s_{\text{h}}) \tag{6-1}$$

式中：$M_{\text{wp,Rd}}$ 为柱腹板域受弯承载力；$M_{\text{j,Rd}}$ 为连接的弯曲抗力；$M_{\text{j,Ed}}$ 为钢梁屈服时对应的柱面设计弯矩；α_{d} 为与节点性能设计目标相关参数，对于超强节点，参数 $\alpha_{\text{d}} = \gamma_{\text{sh}} \cdot \gamma_{\text{ov}}$，其中 γ_{sh} 为材料应变硬化系数，γ_{ov} 为材料超强系数；对于等强节点，参数 $\alpha_{\text{d}} = 1.0$；对于欠强节点，参数 $\alpha_{\text{d}} < 1.0$，为避免节点破坏时损伤过于集中在连接处，参数 α_{d} 的最小值被限制为 0.8，即对于欠强节点，$0.8 \leqslant \alpha_{\text{d}} < 1.0$。$M_{\text{B,Rd}}$ 为所连钢梁的塑性弯曲强度；s_{h} 为柱面到加劲肋边缘的距离；$V_{\text{B,Ed}}$ 为梁端发生塑性铰时对应的剪力。

$$V_{\text{B,Ed}} = V_{\text{B,Ed,M}} + V_{\text{B,Ed,G}} \tag{6-2}$$

式中：$V_{\text{B,Ed,M}}$ 为梁两端发生塑性铰时对应的剪力。

$$V_{\text{B,Ed,M}} = \frac{2M_{\text{B,Rd}}}{L_{\text{h}}} \tag{6-3}$$

$V_{\text{B,Ed,G}}$ 为重力荷载作用下的梁端剪力，其值与梁端两塑性铰之间的距离 L_{h} 无关。材料超强系数 γ_{ov} 与材料强度等级和强度不定性等因素有关，为统计值，EC 8 规范取 $\gamma_{\text{ov}} = 1.25$。EC 3 规范欧洲规范 EC 8 对钢材应变硬化系数 γ_{sh} 的取值规定不同，$\gamma_{\text{sh}} = M_{\text{max}}/M_{\text{p}}$（$M_{\text{max}}$ 和 M_{p} 分别为钢梁极限弯矩和全塑性受弯承载力），EC 3 规范推荐对于超强节点，系数 γ_{sh} 取 1.2，而 EC 8 规范推荐该系数取 1.1。在荷

载作用下，EC 3 规范所采用的组件法认为，任意节点的承载机制均可由一系列独立的基本组件构成，基于该理念给出了整个节点的受弯承载力和初始刚度的计算方法。

$$M_{j,Rd} = \sum_{r=1}^{n} h_r F_{tr,r} \tag{6-4}$$

$$S_{j,ini} = \frac{Ez^2}{u \sum i \dfrac{1}{k_i}} \tag{6-5}$$

式中：h_r 为螺栓排 r 对应的力臂；$S_{j,ini}$ 和 k_i 分别表示整个节点和各个组件 i 的初始刚度；E 和 u 分别表示材料的弹性模量和节点刚度系数；$F_{tr,r}$ 表示螺栓排 r 对应的连接有效抗拉承载力，主要与柱腹板域抗力、柱翼缘受弯、端板受弯、梁翼缘和腹板受压、梁腹板受拉以及螺栓受拉等强度有关，其中柱腹板域抗力的计算公式为：

$$F_{wp,Rd,min} = \min\{V_{wp,add,Rd}, F_{cwc,Rd}, F_{twc,Rd}\} \tag{6-6}$$

式中：$V_{wp,add,Rd}$、$F_{cwc,Rd}$、$F_{twc,Rd}$ 和 $F_{wp,Rd,min}$ 分别表示考虑加劲肋影响的柱腹板域抗剪、抗压、抗拉和有效抗力，柱腹板域受弯承载力 $M_{wp,Rd} = F_{wp,Rd,min} z_{wp}$，$z_{wp}$ 为力臂。

对于 Q690 高强度钢外伸端板连接节点，取材料应变硬化系数 $\gamma_{sh} = 1.2$，采用 EC 3 规范的组件法计算端板连接的初始刚度 $S_{j,ini}$、弯曲抗力 $M_{j,Rd}$、柱腹板域受弯承载力 $M_{wp,Rd}$，按照预期塑性铰区的塑性抗弯强度降低 10% 设计削弱区截面，采用式(6-1)～式(6-3)进行验算，直到所设计节点满足超强、等强以及欠强节点能力水平为止。经计算确定的 Q690 高强度钢外伸端板连接节点如图 6-46 所示。

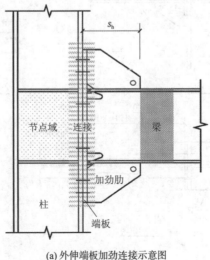

(a) 外伸端板加劲连接示意图

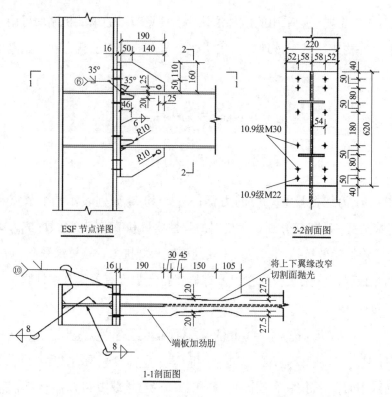

ESF 节点详图   2-2剖面图

(b) 超强节点

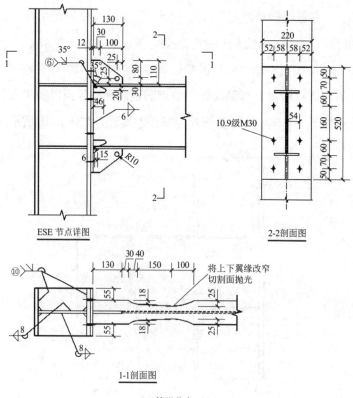

ESE 节点详图   2-2剖面图

(c) 等强节点

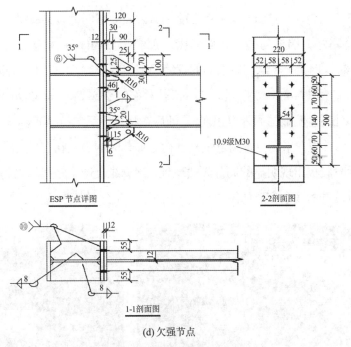

ESP 节点详图　　　　　　2-2剖面图

1-1剖面图

(d) 欠强节点

图 6-46　高强度钢外伸端板连接节点

6.3.2　试验现象

各试件的试验现象及破坏形态见图 6-47～图 6-49。试件 ESF 加载至 34mm 位移级之前，钢梁截面削弱区、梁翼缘以及加劲肋与端板间的焊缝完好，端板与柱面接触紧密。在加载至 34mm 位移级的第 1 圈 $\delta_{DT1} = 25.78$mm 时，钢梁在翼缘最小削弱处发生轻微的面外失稳。反复加载使得梁翼缘削弱区宽度最小处产生不可恢复的变形[图 6-47（a）]，试件严重偏心导致钢梁翼缘及腹板面外变形过大，试验停止。卸载后，钢梁端板与柱面仍接触紧密[图 6-47（b）]。试件破坏时表现出延性损伤的特点，破坏时在梁翼缘削弱区宽度最小处产生屈曲，伴随明显的材料拉伸和压缩现象。

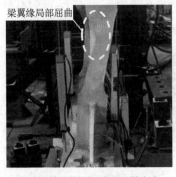

(a) 钢梁截面削弱处发生面外失稳　　　(b) 钢梁加劲肋处端板与柱面无明显缝隙

图 6-47　ESF 节点试验现象及破坏形态

试件 ESE 加载至 34mm 位移级之前，钢梁截面削弱区、梁翼缘以及加劲肋与端板间的焊缝完好，端板与柱面接触紧密。加载至 34mm 位移级的第 1 圈 δ_{DT1} = -30.02mm 时，钢梁上翼缘与端板间的焊缝局部出现裂纹，加劲肋处端板与柱面间产生较小的间隙［图 6-48（a）］。进入 51mm 位移级第 2 圈 δ_{DT1} = 42.96mm 时，梁削弱区宽度最小处发生明显的面外弯扭现象。随后在将试件反向拉至 δ_{DT1} = -94.11mm 的过程中，钢梁首先在平衡位置附近恢复到初始加载时的竖直状态，然后在达到负向最大位移附近时腹板出现明显的局部鼓曲现象，梁翼缘也产生轻微的局部屈曲，试验终止。卸载后试件的残余变形如图 6-48（b）所示，试件破坏表现出延性损伤特点。

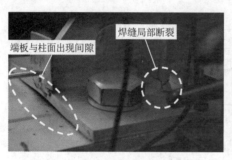
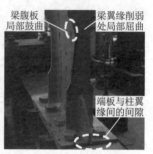

(a) 连接局部变形明显　　　　　　　　(b) 卸载后试件残余变形

图 6-48　ESE 节点破坏形态

ESP 试件加载至 51mm 位移级的 δ_{DT1} = 45.05mm 时，钢梁下翼缘焊缝局部开裂但裂缝未贯通，加劲肋处端板与柱面间产生明显的缝隙；当 δ_{DT1} = -50.97mm 时，钢梁上翼缘两侧边缘处焊缝均出现微小裂纹。加载至 51mm 位移第 2 循环时，钢梁上下翼缘焊缝边缘的裂纹宽度增大，由两侧逐渐向加劲肋处延伸。加载至 68mm 位移的第 1 次正向最大位移时，端板加劲肋处焊缝也产生一条轻微裂纹。加载至 85mm 位移级的第 1 次负向最大位移时，钢梁上翼缘与端板间焊缝裂纹基本贯通［图 6-49（a）］，由于加劲肋与端板间的相互连接作用，试件的承载力略有降低。卸载后试件的残余变形见图 6-49（b），破坏主要集中在连接处，以连接焊缝断裂为主，属脆性破坏。

(a) 连接局部变形明显　　　　　　　　(b) 卸载后试件残余变形

图 6-49　ESP 节点破坏形态

6.3.3　滞回曲线

如图 6-50（a）所示，加载后期 ESF 试件出现明显的刚度和强度退化现象，主要是最小截面处翼缘对腹板的面外约束作用较弱，导致试件较早出现整体弯扭现象；但其滞回环面积较大，耗能能力比 ESP 试件强。图 6-50（b）表明，当钢梁翼缘最小截面处出现弯扭现象时反向将试件拉至最大位移处，此时连接的最大转动能力达到 60mrad。图 6-50（c）表明连接的焊缝完全断裂前，ESP 试件承载力退化不明显，具有明显的脆性破坏特征。

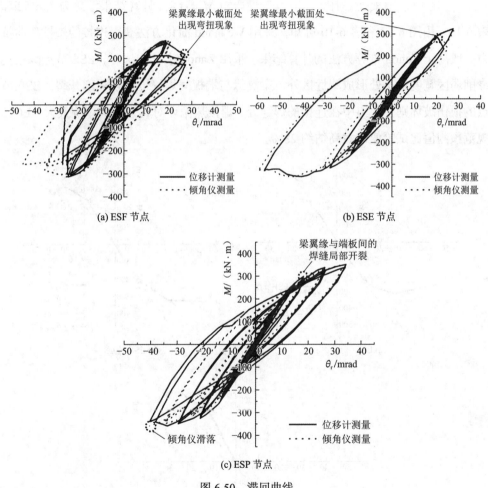

(a) ESF 节点

(b) ESE 节点

(c) ESP 节点

图 6-50　滞回曲线

6.3.4　骨架曲线

采用梁全截面塑性弯矩 M_p 对 3 个试件的骨架曲线进行归一化处理，超强、等强以及欠强节点的梁截面塑性弯矩 M_{bp} 分别为 246.43kN·m、257.62kN·m 和

369.51kN·m。三种试件的骨架曲线见图 6-51，超强节点和等强节点的受弯承载力分

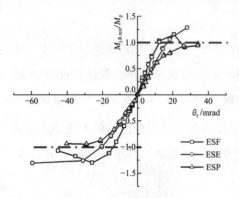

图 6-51 骨架曲线对比

别可达到 $1.27M_p$ 和 $1.28M_p$，欠强节点的受弯承载力仅为 $0.96M_p$，损伤主要集中在端板加劲肋以及钢梁翼缘与端板间的焊缝处，导致在梁未达到全截面塑性强度时焊缝发生断裂破坏。采用 Zanon[11] 和 Weynand[12] 提出的推荐方法获得塑性弯曲抗力试验值 $M_{j,Rd,test}$，根据 EC 3 规范组件法计算塑性弯矩 $M_{j,Rd,EC3}$，计算结果汇总为图 6-52 和

表 6-10。由图 6-52 和表 6-10 可知，采用 Weynand 简化方法获得连接的塑性弯曲抗力一般高于 Zanon 推荐方法的计算结果。采用 Zanon 推荐方法时，ESE 节点除梁翼缘削弱区宽度最小处形成塑性区外，梁翼缘与端板间焊缝也出现局部开裂；ESP 节点的损伤破坏则主要集中在连接的焊缝处，焊接热循环对其强度的影响最大，EC 3 规范预测值比试验值最大高估约 28%。

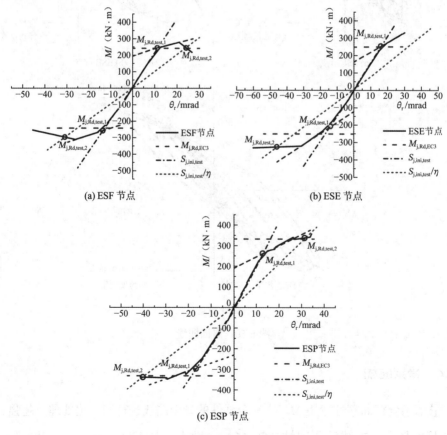

图 6-52 初始刚度及塑性承载力对比

初始刚度及塑性弯曲抗力对比　　　　　　　　　　　　　　　　表 6-10

试件编号	加载方向	$S_{j,ini}/$ （kN·m/mrad）	$M_{j,Rd,test,1}/$ （kN·m）	$M_{j,Rd,test,2}/$ （kN·m）	$M_{j,Rd,EC3}/$ （kN·m）	$M_{j,Rd,EC3}/$ $M_{j,Rd,test,1}$	$M_{j,Rd,EC3}/$ $M_{j,Rd,test,2}$
ESF	正向	20.43	240.30	246.23	240.39	1.00	0.98
	负向	19.43	259.09	298.84		0.93	0.80
ESE	正向	15.83	255.12	—	251.72	0.99	—
	负向	14.26	213.77	324.86		1.18	0.77
ESP	正向	21.02	258.29	336.56	330.78	1.28	0.98
	负向	17.00	268.02	339.54		1.23	0.97

注：$M_{j,Rd,test,1}$ 和 $M_{j,Rd,test,2}$ 分别表示采用 Zanon 和 Weynand 推荐方法获得节点塑性弯曲抗力试验值。

6.3.5　刚度退化

各试件的刚度退化曲线见图 6-53。由图 6-53 可知，当层间位移角 $\theta_r \leqslant 12.5$mrad 时，ESF 和 ESP 节点的初始刚度均大于 ESE 节点。当钢梁翼缘截面削弱区宽度最小处屈服后，随着加载次数的增多，受 ESF 节点面外变形增大，以及 ESP 节点梁端翼缘与端板间的焊缝开裂等因素影响，两者的刚度退化加剧。与 ESF 和 ESP 节点相比，ESE 的刚度退化趋势较平缓，主要原因是在加载过程中，ESE 节点仅在梁端翼缘与端板间的焊缝处有局部开裂，且梁翼缘削弱区宽度最小处变形较小，其刚度退化现象不明显。

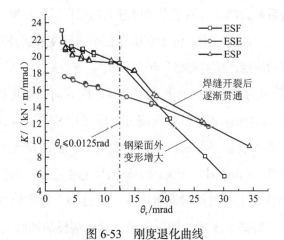

图 6-53　刚度退化曲线

6.3.6　转动能力

表 6-11 给出了试件的最大转角 θ 以及最大塑性转角 θ_p。对于欠强节点 ESP，连

接的最大转角不足 40mrad，无法满足结构抗震需求，其塑性转角仅为约 18mrad，在抗震设防区应避免将欠强节点应用于结构的耗能部位。对于超强和等强节点，在连接节点发生整体失稳前，节点的转动能力分别达到约 45mrad 和 60mrad，塑性转角分别为 32mrad 和 45mrad，均满足结构对连接转动能力的要求[13-14]，两种连接节点均具有良好的转动能力。

最大转动能力　　　　　　　　　　　　　　　表 6-11

试件编号	加载方向	最大转角 θ/mrad	最大塑性转角 θ_p/mrad
ESF	负向	45.13	31.88
ESE	负向	59.57	45.06
ESP	负向	34.76	18.11

6.3.7　应变分析

1. ESF 节点

由图 6-54（a）可知，柱腹板加劲肋处的应变片 S1 和 S2 处，以及靠近梁端未削弱段 S3、S4 和 S5 处的应变水平较低，整个加载过程基本处于弹性状态，有效降低了梁翼缘和端板间的焊缝发生脆性断裂的风险。由图 6-54 可知，梁翼缘最大应变均集中分布在截面削弱段。试件处于弹性阶段时，梁翼缘削弱部分平滑段的截面应变基本同时发展，与试件的性能设计目标相同。随着位移级的增加，在截面削弱段的起始端和终止端，由于存在不同程度的应力集中现象，应变片 S9 和 S6 处首先进入塑性工作状态，随后截面削弱段的平滑部分进入屈服区域，即整个削弱截面共同屈服参与耗散地震能量。加载后期，由于钢梁存在不同程度的面外弯扭现象，导致截面削弱处不同位置的应变产生"卸载"现象。

图 6-54（b）给出的端板加劲肋处应变沿梁高度方向的变化趋势表明：当连接的层间位移角 $\theta_r \leqslant 12.4$mrad 时，沿梁高度方向应变片 S4-2、S4-3、S4-4 和 S4-5 处的应变变化趋势基本符合梁平截面假定，梁截面中和轴的位置与梁腹板截面的中心轴重合。当 $\theta_r \geqslant 20.5$mrad 时，钢梁的中和轴呈上移趋势，靠近梁下翼缘的应变增速加快，其轴向应变未超过钢材屈服应变。靠近梁上翼缘位置的拉应变速率增加缓慢，甚至出现"卸载"现象，如位于梁上翼缘端板加劲肋上的应变 S4。整个加载过程中，由于端板加劲肋厚度比梁腹板厚 4mm，其截面应变均小于梁腹板位置的轴向应变。

图 6-54（c）表明，位于端板中和轴附近的应变片 S13，以及端板边缘应变片 S18

和 S19 的应变水平较低，整个加载过程基本保持不变。应变片 S11、S14、S15 和 S16
处于端板的屈服线生成和发展带，其应变增加较快，但均未超过钢材实测屈服应变。

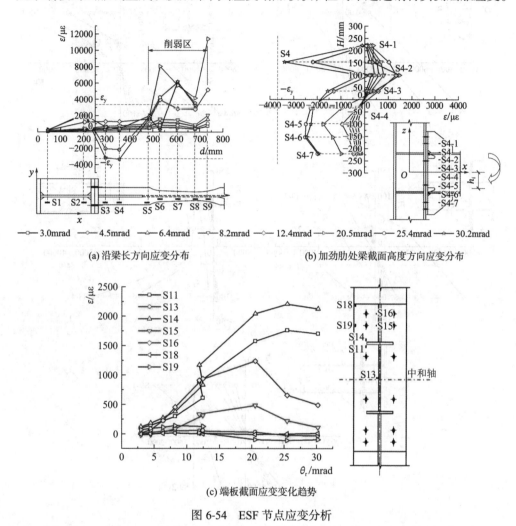

(a) 沿梁长方向应变分布　　　　　　　　(b) 加劲肋处梁截面高度方向应变分布

(c) 端板截面应变变化趋势

图 6-54　ESF 节点应变分析

由图 6-55 可知，当 $\theta_r \leqslant 12.4\text{mrad}$ 时，梁截面应变变化服从平截面假定，试件
基本处于弹性状态。当 $\theta_r > 12.4\text{mrad}$ 时，随着循环位移级的增加，截面拉压区的应
变迅速增大，梁截面中和轴的位置均已偏离梁腹板的中心轴，与 S5、S6 和 S7 位置
截面相对应的梁腹板截面应变均大于钢材实测屈服应变。当 $\theta_r > 12.4\text{mrad}$ 时，与梁
翼缘削弱最深处截面 S8 对应的 S8-1、S8-2、S8-3 和 S8-4 位置的轴向应变均已超过
钢材屈服应变，该处截面均屈服参与耗能。梁腹板截面 S9-1 和 S9-2 位置的应变水
平较低，主要原因为该处截面处于削弱区的圆弧过渡段，削弱程度小于设计目标值
$0.9M_y$。综上所述，ESF 节点的塑性变形区主要位于钢梁翼缘削弱区，地震作用下该
区域首先屈服参与耗能，达到了节点的预期性能设计目标。

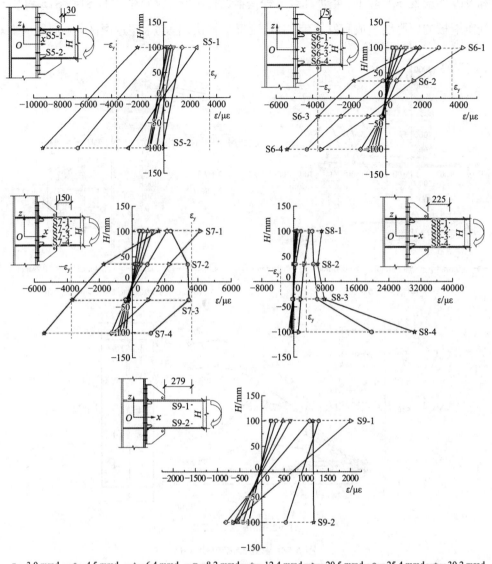

图 6-55　ESF 节点钢梁截面削弱处应变分析

2. ESE 节点

由图 6-56（a）可知，在外荷载作用下，柱腹板加劲肋处截面始终处于弹性工作状态，越靠近梁翼缘削弱区截面的应变越大。该区域的应变大小差异显著，削弱区起始与终止端的应变由于存在应力集中现象而发展较快，当连接的相对转角约为 14.2mrad 时，削弱最深处截面先屈服；随后削弱处起始端也进入塑性工作状态，而 S7 和 S9 位置的应变水平始终较低，处于弹性。当连接的相对转角 $\theta_r = 25\text{mrad}$ 时，由于梁翼缘削弱处截面出现面外弯扭现象，导致梁翼缘与端板间焊缝处应变水平突降。

由图 6-56（b）可知，加载初期梁腹板截面应变沿梁高度分布符合平截面假定，均在梁翼缘处截面的应变水平达到最大，均小于钢材的屈服应变；加载后期由于梁截面发生不同程度的弯扭现象，可能导致截面中和轴附近的应变突增。

由图 6-56（c）可知，梁端板截面 S11 处的应变呈指数增长，相对转角不足 10mrad 便进入塑性工作状态，与试验过程中端板加劲肋与柱面间缝隙增长的现象一致，均说明加劲肋处端板的变形和受力较大。此外，梁翼缘外侧附近的应变片 S10 处也达到临界塑性状态。

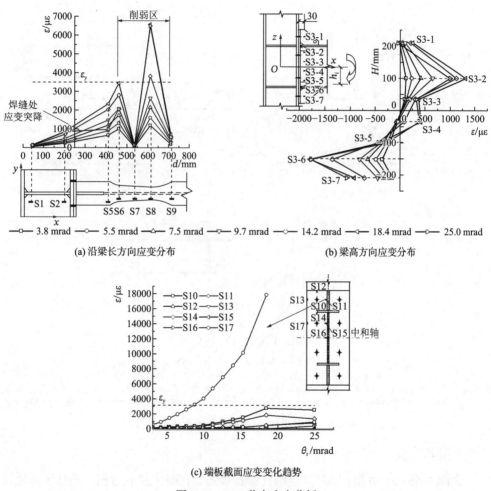

(a) 沿梁长方向应变分布 (b) 梁高方向应变分布

(c) 端板截面应变变化趋势

图 6-56 ESE 节点应变分析

如图 6-57 所示，削弱区大部分梁腹板截面的应变水平较低，其值均未超过钢材实测屈服应变，仅在 S6 和 S7 位置的最大拉压区处于塑性状态，屈服区域较小。对于等强节点，梁端板截面首先屈服耗能，随着位移的增大，翼缘削弱区开始屈服并与端板共同参与耗能，可有效降低地震作用对连接端板的转动能力要求。

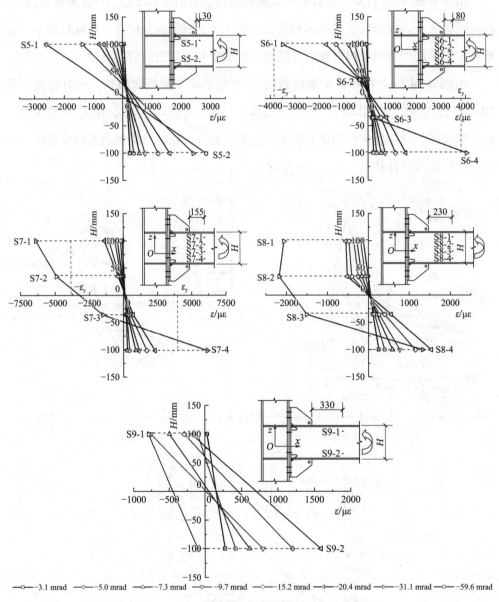

图 6-57　ESE 节点钢梁截面削弱处应变分析

3. ESP 节点

由图 6-58（a）可知，ESP 节点的柱腹板加劲肋在整个加载过程中均处于弹性阶段，靠近梁翼缘与端板焊缝附近的应变片 S3 以及距加劲肋末端约 30mm 处的应变片 S5 应变较大，加载后期应变片 S5 的应变超过钢材实测屈服应变，进入塑性状态。由图 6-58（b）可知，当连接处于弹性阶段时，加劲肋承担了梁翼缘传递来的大部分拉应力，位于梁翼缘外侧的应变片 S6 和加劲肋边应变片 S7 处的应变比其他截面大。当梁翼缘与端板间焊缝发生断裂后，梁腹板承担了梁翼缘传递的大部分拉应力，应变片 S7 位置应变趋于减小，焊接孔附近的应变片 S12 位置应变突增，进入塑性工作状态。ESP 节点端板屈服时，钢梁基本处于弹性工作阶段，仅在加载后期梁翼缘出现局部塑性变形。整个加载过程中仅端板屈服参与耗散地震能量，节点以梁翼缘与端板间焊缝开裂并贯通为极限状态，材料损伤主要集中在连接处。

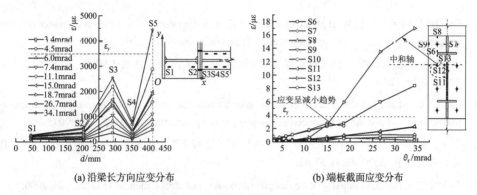

(a) 沿梁长方向应变分布　　　　　　(b) 端板截面应变分布

图 6-58　ESP 节点域附近应变分析

6.4　本章小结

（1）板式加强节点能有效地将塑性铰外移，避免在梁端柱面焊缝区域发生脆性破坏，等效黏滞阻尼系数在 0.35～0.43 范围内，表明节点具有较好的耗能能力。翼缘过渡板厚度减小 25%，盖板厚度减小 20%的情况下，采用 Q690 钢材的试件极限承载力比 Q355 钢材分别提高了 37%和 24%，而延性系数降低了 83.81%和 70.66%，表明采用高强度钢可获得比普通钢更高的承载能力，但普通钢材延性更好。

（2）选择合理的连接形式以及 Q690 和 Q355 两种钢材的合理组合，可以使板式连接节点在保证节点承载力的同时，取得较好的塑性变形与耗能能力。板式加强与锥形削弱组合型节点能明显提升节点的延性，锥形削弱参数分析表明，削弱距离 a 和削弱长度 L 对节点的刚度、极限荷载及延性影响甚微，而削弱深度 d 对节点的抗震性能影响较大，建议削弱深度取 $(0.6～0.7)b_f$，削弱长度取 $(0.6～0.95)h_b$。

（3）高强度钢超强节点的能量耗散区主要集中在梁翼缘削弱区域，等强节点的能量耗散区主要分布于端板连接处以及梁翼缘削弱区域，两种节点的破坏模式均属于延性破坏；高强度钢欠强节点仅依靠端板与梁翼缘间焊缝裂纹的不断扩展和闭合，以及有限的端板塑性变形耗散地震能量，属于脆性破坏。基于组件法的高强度钢外伸端板连接节点能力设计方法，可较准确地预测高强度钢端板连接的破坏模式，能力参数 α_d 的合理取值有待继续研究。

参 考 文 献

[1] Guo H C, Zhou X Z, Li W, et al. Experimental and numerical study on seismic performance of Q690 high-strength steel plate reinforced joints[J]. Thin-Walled Structures, 2021, 161: 107-510.

[2] 郭宏超, 周熙哲, 李炎隆. Q690 高强钢板式加强型节点抗震性能研究[J]. 建筑结构学报, 2021, 42(6): 128-138.

[3] Guo H C, Mao K H, Yu J G, et al. Experimental and numerical study on seismic performance plate-reinforced and tapered-reduced composite joints[J]. Structures, 2021, 31: 686-707.

[4] 梁刚, 郭宏超, 刘云贺, 等. Q690 高强钢外伸端板加劲螺栓连接节点抗震性能试验研究[J]. 建筑结构学报, 2020, 43(3), 57-67.

[5] FEMA-350. Recommended seismic design criteria for new steel structural buildings[S]. 2000.

[6] FEMA-351. Recommended seismic evaluation and upgrade criteria for existing welded steel moment-frame buildings[S]. 2000.

[7] Seismic provisions for structural steel buildings: ANSI/AISC 341-05[S]. Chicago: AISC, INC, 2010.

[8] European Committee for Standardization. Eurocode 3, design of steel structures, part 1-8: design of joints: EN 1993-1-8[S]. Brussels: CEN, 2005.

[9] 住房和城乡建设部. 钢结构设计标准: GB 50017—2017[S]. 北京: 中国建筑工业出版社, 2017.

[10] D'Aniello M, Tartaglia R, Costanzo S, et al. Seismic design of extended stiffened end-plate joints in the framework of Eurocodes[J]. Journal of Constructional Steel Research, 2017, 128: 512-527.

[11] Zanon P, Zandonini R. Experimental analysis of end plate connections[C]//Proceedings of the state of the art workshop on connections and the behaviour of strength and design of steel structures. Cachan, 1988: 41-51.

[12] Weynand K. Sicherheits-und Wirtschaftlichkeitsuntersuchungen zur Anwendung nachgiebiger Anschlüsse im Stahlbau[M]. Heft 35, Shaker Verlag. Aachen; 1997.

[13] Coelho A M G, Da Silva L S, Bijlaard F S K. Ductility analysis of bolted extended end plate beam-to-column connections in the framework of the component method[J]. Steel & Composite Structures, 2006, 6: 33-53.

[14] Coelho A M G. Characterization of the ductility of bolted end plate beam-to-column steel connections[D]. Coimbra (Portugal) : University of Coimbra, 2004.

第 7 章

高强度钢材疲劳性能

疲劳破坏是结构构件损伤累积的结果，破坏前没有明显征兆，突然性的破坏往往造成大量人员伤亡与经济损失。作为钢结构失效的主要形式之一，疲劳引起了工程界与学术界的高度重视[1]。钢结构的主要连接形式为焊缝连接和螺栓连接，焊接连接受焊接工艺、焊接缺陷以及残余应力等因素的影响，疲劳裂纹一般萌生于焊缝附近区域；螺栓连接的疲劳裂纹则一般产生于连接板和拼接板位置，疲劳强度与接头形式、螺栓预拉力、表面处理方式等因素有关[2-3]。本章对高强度钢材及连接接头的疲劳性能进行了试验研究，分析动荷载下高强度钢连接接头的失效机理，根据试验数据拟合 *S-N* 曲线，分析疲劳数据分布规律，评估不同连接构造下高强度钢材的疲劳寿命。

7.1 研究现状

7.1.1 高强度钢材疲劳性能

部分学者针对钢材强度以及钢板切割方式对疲劳性能的影响进行了研究，详见表 7-1。研究表明：（1）疲劳试验数据较为离散，不同批次试件的疲劳性能有差别；（2）随着钢材强度的提高，疲劳寿命呈增长趋势；（3）不同切割方式会对疲劳性能产生影响。

高强度钢材疲劳性能研究　　　　　　　　　　　　　　表 7-1

年份	文献	国家	研究方法	钢材牌号	f_y/MPa	研究内容
2002	[4]	—	综述	—	—	承受疲劳荷载结构的高强度钢材性能
2007	[5]	加拿大	试验	ASTM A709	485	应力、应变和能量三种方法预估高性能钢的疲劳寿命，对比普通钢材疲劳结果

年份	文献	国家	研究方法	钢材牌号	f_y/MPa	研究内容
2014	[6-7]	中国	试验	Q460C/D	492	高强度钢疲劳性能试验，拟合S-N曲线，对比 GB 50017 规范设计曲线
2015	[8]	中国	试验	Q460C	563	试验研究 Q460C 高强度钢材疲劳性能，并采用电阻法进行疲劳损伤过程研究
2017	[9]	中国	试验	Q420B/C	452	Q420B 和 Q420C 疲劳试验，拟合S-N曲线，对比 GB 50017 规范设计算值
2017	[10]	西班牙	试验	S335、S450、S690、S890	427、484、776、940	氧气、等离子和激光切割对构件疲劳性能的影响，并给出了对应的英国 BS 7608 规范设计等级

7.1.2　高强度钢材焊缝连接疲劳性能

　　研究主要集中在焊接工艺和焊接质量、几何参数、钢材强度及焊接形式对疲劳性能的影响，见表 7-2。结果表明：（1）焊缝质量显著影响连接疲劳强度，焊缝熔透不足造成疲劳寿命降低，采用非熔化极惰性气体钨极保护焊（TIG）焊后处理可以提高疲劳寿命，且提高幅度与钢材强度呈正相关；（2）焊接节点疲劳寿命随板厚增加而减小；（3）焊缝裂纹扩展速率比母材高，对接焊缝疲劳寿命明显优于角焊缝，焊趾和裂纹是影响疲劳强度的主要因素。

焊缝连接疲劳性能研究　　　　　表 7-2

年份	文献	国家	研究类型	钢材牌号	f_y/MPa	研究内容
1994	[11]	韩国	试验	—	—	焊接工艺和质量对对接焊缝疲劳性能的影响，熔透深度及 TIG 焊后处理对疲劳性能的影响
1996	[12]	—	试验	E690	763	超声波喷丸冲击对焊缝连接疲劳性能提高影响
1997	[13]	瑞典	试验	DOMEX350/590、WELDOX700/900	350/590/700/900	疲劳性能、焊后处理方法以及钢材强度的影响
2002	[14]	瑞典	试验	Domex550MC	550	厚度 3～12mm 的高强度钢十字焊接节点疲劳试验，比对不同厚度钢板的疲劳寿命
2005	[15]	中国	试验		590	横纵不同向两种对接形式的焊接接头疲劳试验，获取P-S-N曲线
2005	[16]	中国	试验		900	对接接头和角接接头疲劳试验，电镜扫描断口形貌，对比分析对接焊缝与角焊缝疲劳性能
2006	[17]	德国	试验	S355J2、S460ML	398、504	高强度钢焊缝连接焊后处理方法对疲劳强度的影响
2007	[18]	英国	试验	S960/S1100	960/1100	高强度钢横向对接焊缝疲劳试验，试验拟合S-N曲线与欧洲规范 EN 1993-1-9（2005）设计曲线对比

年份	文献	国家	研究类型	钢材牌号	f_y/MPa	研究内容
2008	[19]	德国	试验	S355J2、S690QL	422、786	焊后处理方式对疲劳性能的影响
2009	[20]	德国	试验	S355J2、S690QL	477、781	气动冲击处理（PIT）工艺对疲劳强度的提高作用
2011	[21]	—	试验	S960	960	焊接工艺和高频喷丸技术对高强度钢疲劳性能的影响
2011	[22]	—	—	AH36	392	预加应力和应力比对超声波冲击焊接接头疲劳强度的影响
2014	[23]	德国	试验	S960	960	高频锤击焊趾对超高强度钢材焊接连接疲劳寿命的影响，验证规范设计的安全性
2014	[6-7]	中国	试验	Q460C/D	492	高强度钢对接焊缝疲劳试验，试验拟合 S-N 曲线对比 GB 50017 设计曲线
2016	[24]	中国	试验	WNQ570	420	试验测定 WNQ570 桥梁钢及其对接焊缝的疲劳裂纹扩展速率，进行对比分析
2017	[25]	中国	试验/数值	Q355qD	363	十字非传力角焊缝疲劳试验，对比 EC 3 规范设计曲线，裂纹扩展仿真模拟，与试验结果对比
2017	[26]	中国	试验/数值	Q355qD	363	十字传力角焊缝疲劳性能，模拟裂纹扩展寿命

7.1.3　高强度钢材螺栓连接疲劳性能

影响螺栓连接疲劳强度的因素众多，如螺栓预紧力、排列方式、摩擦面处理方式、钢材等级以及扣孔率等[27]，具体研究成果见表 7-3。研究表明：（1）当螺栓预拉力较低时，裂纹出现在螺栓孔易产生应力集中的部位；增加螺栓的预紧力可缓解应力集中程度，开裂位置转移到孔前毛截面处，疲劳寿命增加。（2）单搭接螺栓连接中，随着预紧力的增加，疲劳寿命没有显著变化；双搭接螺栓连接的预紧力越大，疲劳寿命越高。（3）高强度钢材在承受动荷载时，表面粗糙度影响疲劳强度，摩擦系数会影响裂纹开裂位置，润滑接触面减小摩擦系数，开裂位置转移到孔边缘，疲劳寿命减小。（4）在反复荷载作用下发生松弛，连接板间微滑动，应力重分布，逐渐产生疲劳损伤。（5）考虑平均应力影响的双搭接错位孔疲劳寿命的计算中，Morrow 和 SWT 模型能够很好地预测试件疲劳寿命。（6）螺栓连接的成孔方法影响构件疲劳寿命，钻孔试件的疲劳强度是冲孔的两倍。

螺栓连接疲劳性能研究 表 7-3

年份	文献	国家	研究类型	钢材牌号	f_y/MPa	研究内容
1983	[28]	美国	数值	—	—	局部应变和弹塑性断裂力学理论预测开孔试件疲劳寿命

续表

年份	文献	国家	研究类型	钢材牌号	f_y/MPa	研究内容
2004	[29-30]	加拿大	试验	—	—	双搭接错位孔疲劳试验,研究平均应力对疲劳寿命的影响,提出 Morrow 和 SWT 模型预测试件疲劳寿命
2004	[31]	西班牙	数值	355N	423	有限元方法对冲、钻孔板件疲劳性能进行研究,预测其疲劳寿命
2004	[32]	西班牙	试验	355N、460Q、690Q	423、619、853	试验得到钢板冲、钻孔S-N曲线,研究其疲劳性能
2006	[33]	西班牙	试验	铝合金	—	螺栓预紧力对单搭接螺栓连接和双搭接螺栓连接疲劳寿命的影响
2007	[34]	斯洛文尼亚	试验	S960Q	—	等离子切割工艺对高强度钢材 S960Q 疲劳强度的影响
2007	[35]	美国	试验	—	—	结合非线性疲劳累积原理和随机S-N曲线提出变幅荷载下预测随机疲劳寿命方法
2011	[36]	伊朗	试验	铝合金	—	接触面摩擦系数对裂纹开裂位置以及疲劳寿命的影响
2012	[37-38]	阿尔及利亚	试验/数值	—	—	螺栓预紧力对裂纹萌生位置的影响以及对疲劳寿命的影响
2013	[39]	法国	试验/数值	S275	260	螺栓连接的低周疲劳性能,反复荷载作用下螺栓松弛现象、连接板间的微滑动应力重分布、损伤发展
2016	[40-41]	中国	试验	—	—	螺栓连接的成孔方法和螺栓预紧力对构件疲劳寿命的影响
2017	[42]	西班牙	试验	S335、S450、S690、S890	427、484、776、940	氧化切割、等离子切割和激光切割三种开孔方式对构件疲劳性能的影响,并给出了对应的 BS 7608 规范设计等级

7.2 疲劳计算基本理论

7.2.1 疲劳荷载谱

疲劳荷载谱是进行疲劳寿命估算的前提和基础。疲劳荷载根据幅值的变化可分为等幅和变幅荷载。试件承受随机荷载时可测得其荷载-时间历程(工作谱)。随机荷载统计处理方法分为功率谱法和循环计数法。循环计数法中较为常用方法为雨流计数法,功率谱法采用傅里叶变换进行频谱分析。但由于工作谱幅值和频率的不确定性,无法直接在进行疲劳寿命估算时使用,通过概率统计处理可得到具有统计特性的荷载谱。

7.2.2 名义应力法

名义应力法以名义应力 σ_a 作为疲劳寿命的控制参量,以 S-N 曲线作为疲劳破坏准则（S 为应力幅值，N 为疲劳失效次数），结合疲劳累计损伤理论计算构件在恒幅荷载或者变幅随机荷载下的疲劳寿命。常用 S-N 曲线幂函数表达式[44]为：

$$S^m N = C \tag{7-1}$$

式中：m 和 C 为材料常数。式(7-1)可改写为：

$$\lg S = A + B \lg N \tag{7-2}$$

式中：A 和 B 为材料常数，可由最小二乘法拟合确定。

疲劳过程为损伤累计过程，等应力幅下的疲劳寿命可由材料 S-N 曲线求得，而变幅荷载下的疲劳寿命，可按照疲劳累计损伤进行估算。疲劳估算的 Miner 定律表达式[43]为

$$\sum_i D_i = \sum_i n_i / N_i = 1 \tag{7-3}$$

式中：D_i 为由 n_i / N_i 表示的产生 n_i 次循环的应力范围所造成的损伤增量。

名义应力法没有考虑构件局部的塑性变形，在塑性变形较大的情况下用该方法计算疲劳寿命的结果分散性较大。名义应力法适合计算低荷载幅值下结构件的高周疲劳寿命。

7.2.3　局部应力-应变法

在构件发生较大塑性应变时，由于材料的硬化或者软化特性，导致名义应力无法作为表征材料的受载状态参量。局部应变法将局部应变幅值作为损伤参量，采用循环 σ-ε 曲线替代单调 σ-ε 曲线，用 ε-N 曲线替代 S-N 曲线，得到裂纹形成寿命。

1. 循环应力-应变曲线

在疲劳强度问题中，局部 σ-ε 法中材料的本构关系由循环应力-应变（σ-ε）曲线确定，曲线上任意一点对应滞回曲线的一个顶点，循环应力-应变曲线表达式[45]为：

$$\varepsilon = \varepsilon_e + \varepsilon_p = \frac{\sigma_a}{E} + \left(\frac{\sigma_a}{K'}\right)^{\frac{1}{n'}} \tag{7-4}$$

根据倍增原理，对于多数金属材料，将循环应力-应变曲线放大一倍可以得到滞回曲线的表达式：

$$\frac{\Delta\varepsilon}{2} = \frac{\Delta\sigma}{2E} + \left(\frac{\Delta\sigma}{2K'}\right)^{\frac{1}{n'}} \tag{7-5}$$

式中：ε_e 和 ε_p 分别为从应变幅分离出的弹性分量与塑性分量；n' 和 K' 分别为材料参数；E 为材料弹性模量。

2. 局部应力-应变确定

疲劳寿命预测的可靠性依赖于构件应力集中处弹塑性分析的准确性，相关研究表明，局部应变偏差 7%，导致疲劳寿命相差 2～3 倍。计算局部应力-应变的方法众多，弹塑性有限元法较为精确，但计算量大，工程广泛采用近似 Neuber 法，但 Neuber 公式高估了局部应力和应变，对其修正后的 Neuber 公式[45]为：

$$\Delta\sigma \cdot \Delta\varepsilon = \frac{K_\sigma^2(\Delta s)^2}{E} \tag{7-6}$$

式中：Δs 和 $\Delta\sigma$ 分别代表名义应力幅和真实应力幅；$\Delta\varepsilon$ 为真实应变幅；K_σ 为有效应力集中系数。

3. 损伤计算

损伤计算基于应变-寿命关系式[46]：

$$\frac{\Delta\varepsilon}{2} = \frac{\Delta\varepsilon_e}{2} + \frac{\Delta\varepsilon_p}{2} = \frac{\sigma_f'}{E}(2N)^b + \varepsilon_f'(2N)^c \tag{7-7}$$

式中：σ_f'、b 分别为疲劳强度系数与指数；ε_f'、c 分别为疲劳塑性系数与指数。

总应变分量是由弹性分量和塑性分量组成的，弹性和塑性应变与寿命关系的常用表达式分别为：

$$\frac{\Delta\varepsilon_e}{2} = \frac{\sigma_f'}{E}(2N)^b \tag{7-8}$$

$$\frac{\Delta\varepsilon_p}{2} = \varepsilon_f'(2N)^c \tag{7-9}$$

选取不同参量，可进行不同方法的损伤计算。

1）兰德格拉夫损伤公式[47]

损伤由 $\Delta\varepsilon_p$ 与 $\Delta\varepsilon_e$ 的比值来确定，每个应力幅为 $\Delta\varepsilon$ 的循环造成的损伤为：

$$\frac{1}{N} = 2\left(\frac{\sigma_f'}{E\varepsilon_f'} \cdot \frac{\Delta\varepsilon_p}{\Delta\varepsilon_e}\right)^{\frac{1}{b-c}} \tag{7-10}$$

采用平均应力修正后得：

$$\frac{1}{N} = 2\left(\frac{\sigma_f'}{E\varepsilon_f'} \cdot \frac{\Delta\varepsilon_p}{\Delta\varepsilon_e} \cdot \frac{\sigma_f'}{\sigma_f' - \sigma_m}\right)^{\frac{1}{b-c}} \tag{7-11}$$

式中：σ_m 为平均应力。

2）道林损伤公式[47]

当 $\varepsilon_p > \varepsilon_e$ 时，损伤算式为：

$$\frac{1}{N} = 2\left(\frac{\varepsilon_f'}{\varepsilon_p}\right)^{\frac{1}{c}} \tag{7-12}$$

当 $\varepsilon_p < \varepsilon_e$ 时，损伤算式为：

$$\frac{1}{N} = 2\left(\frac{\sigma_f'}{E\varepsilon_e}\right)^{\frac{1}{b}} \tag{7-13}$$

采用平均应力修正后，可得：

$$\frac{1}{N} = 2\left(\frac{\sigma_f' - \sigma_m}{E\varepsilon_e}\right)^{\frac{1}{b}} \tag{7-14}$$

3）史密斯损伤公式[47]

$$\sigma_{max}\Delta\varepsilon = \frac{2\sigma_f'}{E}(2N)^{2b} + 2\sigma_f'\varepsilon_f'(2N)^{b+c} \tag{7-15}$$

根据局部应力-应变响应，采用合适的损伤公式计算每一个荷载循环造成的损伤，然后根据疲劳累积损伤，计算裂纹形成寿命 N_c。

局部应变法考虑了材料的塑性硬化、塑性软化等特性，该方法较名义应力法有较高的计算精度，并且在计算量上与名义应力法相当，适合计算高荷载幅值下结构构件的低周疲劳寿命。

7.2.4　断裂力学理论计算疲劳裂纹扩展寿命

根据断裂力学理论，结构件的疲劳寿命定义为在应力集中区的初始裂纹扩展至临界尺寸需要的时间或者荷载循环数。应力强度因子 K_I 表征了裂纹尖端应力场的强弱，一般写为：

$$K_I = \alpha\sigma\sqrt{\pi a} \tag{7-16}$$

式中：a 代表裂纹长度的一半，α 代表应力强度因子系数。

断裂韧性 K_{IC} 表征了材料抵抗脆性断裂的能力，其表达式为：

$$K_{IC} = \alpha\sigma\sqrt{\pi a_c} \tag{7-17}$$

在循环荷载 σ_1 作用下，裂纹尺寸 a_0 小于其临界尺寸 a_c 时，有：

$$K_I = \alpha\sigma_1\sqrt{\pi a_0} < K_{IC} = \alpha\sigma_1\sqrt{\pi a_c} \tag{7-18}$$

当裂纹 a_0 扩展到 a_c、K_I 值达到 K_{IC} 时，试件断裂。

裂纹稳定扩展阶段的速率可以由 P. C. 帕里斯公式表示：

$$\frac{da}{dN} = C(\Delta K)^m \tag{7-19}$$

式中：C、m 为材料常数。可得到裂纹的扩展寿命为：

$$N_p = \int dN = \int_{a_0}^{a_c} \frac{da}{C(\Delta K)^m} \tag{7-20}$$

式中：N_p 即为裂纹扩展阶段的应力循环数。

采用局部应力-应变法得到裂纹形成寿命，采用断裂力学法得到裂纹扩展寿命，两者之和即为总疲劳寿命：

$$N = N_c + N_p \tag{7-21}$$

7.3　规范疲劳设计方法

7.3.1　EC 3 规范

EC 3 规范[48]中疲劳设计采用基于概率论和可靠度的极限状态设计法。在承载能力极限状态下通过应力幅和疲劳强度建立的疲劳破坏公式为：

$$\Delta\sigma_R - \Delta\sigma_S = 0 \tag{7-22}$$

式中：$\Delta\sigma_R$ 为疲劳强度；$\Delta\sigma_S$ 为外荷载应力幅。

$S\text{-}N$ 曲线根据疲劳试验确定，表达式为：

$$\lg N = \lg A - m\lg\Delta\sigma \tag{7-23}$$

式中：$\Delta\sigma$ 为应力幅；A 和 m 为材料参数。

受试件材质、加工缺陷、试验加载、取样位置等因素变异性的影响，试验数据离散性较大，需要对试验数据统计分析得到疲劳强度设计曲线。

对于正应力幅疲劳强度设计曲线，当疲劳失效次数 $N \leqslant 5 \times 10^6$ 时：

$$\Delta\sigma_R^m N = \Delta\sigma_c^m \times 2 \times 10^6 \tag{7-24}$$

式中：$m = 3$；$\Delta\sigma_c$ 为疲劳次数为 2×10^6 时，规范给出的 14 条正应力幅疲劳强度设计曲线对应的应力幅。当疲劳失效次数 $5 \times 10^6 < N \leqslant 10^8$ 时，有：

$$\Delta\sigma_R^m N = \Delta\sigma_c^m \times 5 \times 10^6 \tag{7-25}$$

式中：$m = 5$；$\Delta\sigma_c$ 为疲劳次数为 2×10^6、1×10^8 时，规范给出的 14 条正应力幅疲劳强度设计曲线对应的应力幅。

7.3.2　ANSI/AISC 360-10 规范

ANSI/AISC 360-10 规范[49]包含了容许应力设计法与极限状态设计法，定义了弹性应力范围内承受高周疲劳荷载开裂直至破坏的疲劳极限状态，不同应力类别的应力范围应符合下述规定。

对于应力类别 A、B、B'、C、D、E 和 E'，容许应力幅 F_{SR} 根据下式确定：

$$F_{SR} = \left(\frac{C_f \times 329}{N}\right)^{0.333} \geqslant F_{TH} \tag{7-26}$$

式中：C_f 为应力类别常数，根据疲劳类别确定；F_{TH} 为临界容许应力幅。

对于应力类别 F，容许应力幅 F_{SR} 根据下式确定：

$$F_{SR} = \left(\frac{C_f \times 11 \times 10^4}{N}\right)^{0.167} \geqslant F_{TH} \tag{7-27}$$

根据受拉板件焊趾裂缝的产生情况，对于应力类别 C，容许应力幅 F_{SR} 根据下式确定：

$$F_{SR} = \left(\frac{14.4 \times 10^{11}}{N}\right)^{0.333} \geqslant 68.9 \tag{7-28}$$

根据受拉板件对边正面角焊缝根部裂缝的产生情况，对于应力类别 C，容许应力幅 F_{SR} 根据下式确定：

$$F_{SR} = R_{FIL} \left(\frac{14.4 \times 10^{11}}{N}\right)^{0.333} \tag{7-29}$$

式中：R_{FIL} 为正面角焊缝换算系数，按下式计算：

$$R_{FIL} = \frac{0.10 + 1.24(w/t_p)}{t_p^{0.167}} \leqslant 1.0 \tag{7-30}$$

式中：t_p 为板厚，w 为焊脚尺寸。

7.3.3　BS 7608 规范

BS 7608 规范[50]疲劳设计考虑了局部应力集中、加载方向、裂纹萌生位置、接头几何形状等因素，将连接分成 B、C、D、E、F、F2、G、G2、W1、X、S1、S2 和 TJ 共 13 个等级，分别给出了不同连接形式的疲劳计算方法，支持不同连接形式结构的疲劳寿命预测。

对于不同的设计等级，应力幅值 S 与疲劳失效次数 N 之间的关系如下：

$$\lg N = \lg C_0 - d\sigma - m \lg S \tag{7-31}$$

式中：$\lg C_0$ 式与均值 S-N 曲线相关；σ 是设计等级对应的标准差；m 是双对数坐标下 S-N 曲线的斜率；d 是与检验水平相关的系数。利用公式：

$$\lg C = \lg C_0 - d\sigma \tag{7-32}$$

式(7-31)和式(7-32)可以写成：

$$S^m N = C \tag{7-33}$$

7.3.4 《钢结构设计标准》GB 50017—2017

《钢结构设计标准》GB 50017—2017[51]中，疲劳设计沿用容许应力设计法，等幅应力下的计算公式为：

$$\Delta\sigma \leqslant [\Delta\sigma] = \left(\frac{C}{n}\right)^{1/\beta} \tag{7-34}$$

式中：$\Delta\sigma$ 为应力幅；C 和 β 为与构件和连接类别相关的参数；n 为应力循环次数。

7.4 疲劳试验数据统计分析

7.4.1 高强度钢母材

母材疲劳试验参数见表 7-4，疲劳数据分布见图 7-1。由图 7-1 可知，（1）大量数据分布于 AISC 360 和 EC 3 规范设计曲线上方，说明 AISC 360 和 EC 3 设计曲线具有足够的安全可靠性。（2）采用同种切割方式、不同强度等级的结构钢材，疲劳强度随着钢材强度等级的提高而提高。（3）同种钢材、不同切割方式，其疲劳强度无显著差别。（4）同种钢材、不同厚度的试件，随着钢材厚度的增加，其疲劳强度下降。

母材疲劳试验参数 表 7-4

文献	钢材	f_y/MPa	t/mm	切割方式	n/个
[52]	Q460D	504.9	8	线切割	16
	Q690D	786.3	8	线切割	16
[10]	S335M	426.6	15	氧气切割	10
	S335M	426.6	15	等离子切割	10
	S335M	426.6	15	激光切割	10
	S460M	484.1	15	氧气切割	10
	S460M	484.1	15	等离子切割	10
	S460M	484.1	15	激光切割	10
	S460M	465.5	25	氧气切割	10
	S460M	465.5	25	等离子切割	10
	S460M	465.5	25	激光切割	10
	S690Q	776.2	15	氧气切割	10

续表

文献	钢材	f_y/MPa	t/mm	切割方式	n/个
[10]	S690Q	776.2	15	等离子切割	10
	S690Q	776.2	15	激光切割	10
	S890Q	940.2	15	氧气切割	10
	S890Q	940.2	15	等离子切割	10
	S890Q	940.2	15	激光切割	10
[7]	Q460C	492.3	14	—	21
[6]	Q460D	465	14	—	21
[8]	Q460C	563	6	—	26

注：f_y 为钢材屈服强度，t 为板厚，n 为试件数量。

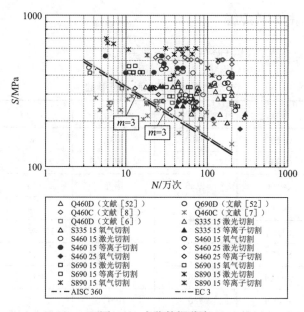

图 7-1　疲劳数据分布

　　根据收集到的高强度钢材疲劳试验数据，拟合母材 *S-N* 曲线见图 7-2。由图 7-2 可知，（1）对于 Q460C 和 Q460D 钢材，同类型钢材不同批次疲劳试验数据分布较为离散。（2）对于母材，AISC 360、BS 7608 和 EC 3 规范设计曲线分布相近，文献[52]和文献[8]中，Q460C 钢材的试验数据均在规范曲线上方，表现出较好的疲劳性能，规范曲线偏于保守，明显低估了钢材的疲劳性能。（3）文献[6-7]中，Q460D 钢材疲劳强度明显优于 Q460C 钢材；Q460D 钢材在高周疲劳区的试验数据位于规范曲线上方，疲劳强度比规范曲线值高，表现出良好的疲劳性能；钢材 Q460C 疲劳数据分布较为离散，部分试验数据位于规范曲线下方，200 万次循环对应的疲劳强度略高于规范曲线值。

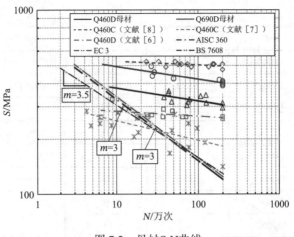

图 7-2　母材*S-N*曲线

7.4.2　高强度钢材对接焊缝

对接焊缝连接相关疲劳试验特征参数见表 7-5。

对接焊缝疲劳试验特征参数　　　　　表 7-5

文献	钢材	f_y/MPa	焊缝处理	t/mm	n/个
[52]	Q460D	504.9	原状	8	13
	Q690D	786.3	原状	8	13
[7]	Q460C	492.3	磨光	14	21
	Q460C	492.3	原状	14	21
[19]	S355J2	422	UIT	16	14
	S355J2	422	HiFIT	16	18
	S690QL	786	UIT	16	18
	S690QL	786	HiFIT	16	12
[12]	E690	763	UP	9.5	8
[21]	S960	960	PIT	5	7

注：f_y 为钢材屈服强度，t 为板厚，n 为试件数量。

对相关数据进行汇总，结果见图 7-3。由图 7-3 可知，（1）不同批次试件疲劳试验数据分布较为离散，疲劳强度存在显著差异。从整体数据分布可知，随着钢材强度等级的提高，疲劳强度有所提高。（2）焊缝经超声波冲击处理（UIT）、气动冲击处理（PIT）、超声波锤击强化（UP）和高频冲击处理（HiFIT）后，其疲劳强度比未经处理的焊缝高，疲劳性能得到改善。（3）同等钢材焊缝采用 UIT 与 HiFIT 两种不同处理方式，其疲劳强度并无明显差异。（4）规范设计曲线明显低估了 HiFIT 处理后焊缝的疲劳性能，按照规范设计偏于保守。（5）Q460 钢材的疲劳试验数据位于规范曲线上方，考虑安全储备后，AISC 360 和 EC 3 规范曲线能够较好地评估其疲劳特性，具有足够的安全储备，BS 7608 规范曲线偏于保守。对 Q690 钢材的疲劳试验数据进行分析，可知 AISC 360、EC 3 规范设计曲线适用，安全储备足够，BS 7608 设计曲线过于保守。（6）文献[7]中 Q460C 钢材的同批试件，焊缝采用磨光处理后，与原状焊缝相比，疲劳强度相近。

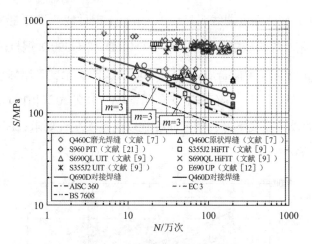

图 7-3　对接焊缝疲劳数据分布

7.4.3　高强度钢材十字角焊缝

十字角焊缝连接相关疲劳试验特征参数见表 7-6。

十字角焊缝疲劳试验特征参数　　　　表 7-6

文献	钢材	f_y/MPa	焊缝处理	t/mm	n/个
[53]	Q460D	504.9	原状	8	13
[54]	Q690D	786.3	原状	8	13
[26]	Q355qD	363	—	12	26
[17]	S355J2	398	UIT	12	7
	S355J2	398	UIT	12	4
	S460ML	504	UIT	12	5
	S460ML	504	UIT	12	5
[20]	S355J2	477	PIT	12	8
	S690QL	781	PIT	12	7
[22]	AH36	392	UIT	20	3

注：f_y 为钢材屈服强度，t 为板厚，n 为试件数量。

对相关试验数据进行汇总，结果见图 7-4。由图 7-4 可知，（1）试验数据较为离散，焊接接头采用高频机械冲击可以显著提高焊缝质量，疲劳寿命明显高于原状焊缝疲劳寿命。对于采用焊后处理试件的疲劳寿命，规范曲线偏于保守。（2）对比S355J2钢材十字角焊缝连接的疲劳试验数据可以发现，采用气动冲击处理（PIT）效果略优于超声冲击处理（UIT）。（3）文献[20]的研究成果表明，随着钢材强度提高，疲劳寿命有增长趋势；而 Q460D 钢材和 Q690D 钢材试件设计尺寸完全相同的情况下，Q460D 钢材的疲劳强度曲线明显高于 Q690D 钢材疲劳强度曲线，这一现象可能是由于焊接工艺及焊接质量造成的。（4）Q460D 和 Q690D 钢材试验拟合曲线位于规范曲线上方，考虑安全储备后，AISC 360 曲线的安全度难以保证，EC 3 和 BS 7608 规范曲线则仍然适用，具有一定安全储备。（5）文献[26]中部分试验数据位于AISC 360 规范的设计曲线下方，规范曲线难以满足安全性要求；BS 7608 和 EC 3 规范设计曲线则基本安全。

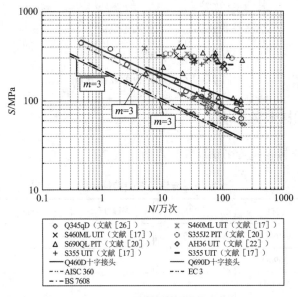

图 7-4　十字角焊缝数据分布

7.4.4　高强度钢材有孔板

有孔板相关疲劳试验特征参数见表 7-7。

有孔板疲劳试验特征参数　　　　　　　　　表 7-7

文献	钢材	f_y/MPa	t/mm	开孔方式	ϕ/mm	n/个
[55]	Q460D	504.9	8	机械钻孔	22	13
	Q690D	786.3	8	机械钻孔	22	13
[42]	S335M	426.6	15	氧气切割	15	10

文献	钢材	f_y/MPa	t/mm	开孔方式	ϕ/mm	n/个
[42]	S335M	426.6	15	等离子切割	15	10
	S335M	426.6	15	激光切割	15	10
	S460M	484.1	15	氧气切割	15	10
	S460M	484.1	15	等离子切割	15	10
	S460M	484.1	15	激光切割	15	10
	S460M	465.5	25	氧气切割	15	10
	S460M	465.5	25	等离子切割	15	10
	S460M	465.5	25	激光切割	15	10
	S690Q	776.2	15	氧气切割	15	10
	S690Q	776.2	15	等离子切割	15	10
	S690Q	776.2	15	激光切割	15	10
	S890Q	940.2	15	氧气切割	15	10
	S890Q	940.2	15	等离子切割	15	10
	S890Q	940.2	15	激光切割	15	10
[34]	S960Q	—	5	等离子切割	40	—

注：f_y 为钢材屈服强度，t 为板厚，ϕ 为螺栓直径，n 为试件数量。

对相关试验数据进行汇总，结果见图 7-5。由图 7-5 可知，（1）试验数据点基本位于 AISC 360 和 EC 3 规范设计曲线上方，个别数据分布于设计曲线下方，说明 AISC 360 和 EC 3 设计曲线安全可靠。（2）受钢材强度、钢材化学成分、成孔方式、应力集中等因素的影响，试验数据分布离散性较大，但不同钢材疲劳数据分布基本上随着钢材强度增加，且处于规范设计曲线上方，说明疲劳强度随钢材强度提高有提高趋势。（3）同种钢材、不同成孔方式，其疲劳数据分布离散，成孔方式对不同强度等级钢材疲劳强度的影响并无统一规律。如对于 S335M 钢材，等离子和激光切割表现出了相似的疲劳性能，而氧气切割较之表现出了更好的疲劳性能；对于 S690Q 钢材，三种成孔方式具有相似的疲劳性能，在有限的疲劳加载次数范围内，等离子切割表现出了略高的疲劳抗力。（4）对比 15mm 与 25mm 厚的 S460M 钢材的疲劳数据分布可以得出，随着厚度增加，其疲劳强度有下降的趋势。

目前，对于高强度钢材有孔板疲劳性能的研究有限，将课题组 Q460D 和 Q690D 高强度钢材疲劳试验数据绘于图 7-6 中，拟合其 *S-N* 曲线并绘制了 BS 7608、AISC 360 和 EC 3 规范设计曲线，对其疲劳寿命进行评估。

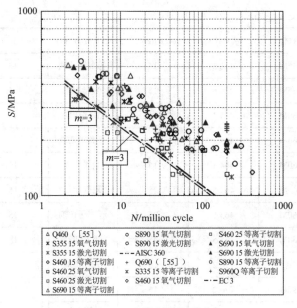

图 7-5 有孔板数据分布

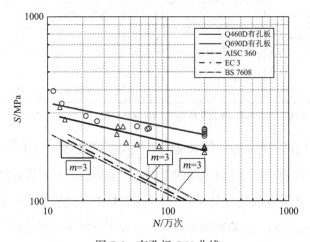

图 7-6 有孔板 *S-N* 曲线

由图 7-6 可知：（1）Q460D 和 Q690D 钢材有孔板试验拟合曲线处于规范曲线上方，在疲劳极限范围内表现出良好的性能，规范偏于保守。（2）Q690D 结构钢疲劳强度曲线位于 Q460D 结构钢疲劳强度曲线上方，其疲劳极限值明显高于 Q460D 钢材，有孔钢板的疲劳性能随着钢材强度等级的提高有提升趋势。

7.4.5　高强度钢材螺栓连接

高强度螺栓接头疲劳破坏形式主要为：（1）不发生滑动，主板或拼接板发生疲劳破坏。（2）发生滑动，主板或拼接板发生疲劳破坏。螺栓连接疲劳强度与螺栓预拉力、螺栓的布置形式、螺栓直径和孔径、钢板表面处理方式等因素相关，相关疲劳试验数据较少，仅对课题组的疲劳试验的 *S-N* 曲线进行分析，见图 7-7。

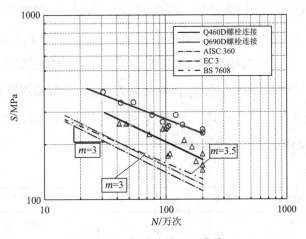

图 7-7　螺栓连接 *S-N* 曲线

由图 7-7 可知：（1）AISC 360 和 EC 3 规范的螺栓连接曲线呈平行状，AISC 360 和 BS 7608 规范的设计曲线适用于 Q460 钢材螺栓连接疲劳寿命分析，具有足够安全保障；相比于规范 AISC 360 规范设计曲线，EC 3 规范相对偏于保守。（2）疲劳极限范围内，Q690 钢材螺栓连接的疲劳性能明显优于 Q460 钢材螺栓连接，说明螺栓连接接头的疲劳强度与钢材的极限强度有关，且随着钢材强度的提高，疲劳强度有所提高。

7.5　高强度钢焊缝连接疲劳试验

本节分别对 Q460D 和 Q690D 高强度钢母材、对接焊缝和十字角焊缝连接接头进行了疲劳试验，拟合了 *S-N* 曲线，对比分析了高强度钢母材及其焊接试件的疲劳性能。采用损伤量定性分析疲劳破坏的程度，并结合断口微观形貌分析了裂纹的扩展规律。

7.5.1　试验概况

采用 8mm 厚 Q460D 和 Q690D 高强度钢材，共设计了三组 84 个试件，分别为母材、对接接头和十字接头，试件的详细分类及试件信息见表 7-8。采用全板厚取样方式，对接接头采用 V 形双边坡口焊，焊后保留焊缝余高；十字接头试件采用角焊缝连接，焊脚尺寸 5mm，试件几何尺寸及构造详见图 7-8。Q460D 钢材的焊条型号为 CHE557RH，Q690D 钢材的焊条型号为 CHE857Cr。采用手工电弧焊进行焊接，严格按照规定的环境条件进行焊接，对接焊缝质量等级为一级，焊接工艺参数和焊条力学性能与静力试验部分相同。

试验在 MTS322 电液伺服疲劳试验机上进行，采用力控制加载，加载波形为等幅正弦波，并采用 PVC 补偿，加载频率在 20~45Hz 范围内变动，应力比 $R = S_{min}/S_{max} = 0.1$。疲劳试验的最高应力水平通过试件的屈服强度确定，最大应力 σ_{max} 取 $0.6 f_y \sim 0.8 f_y$，最大应力 S_{max} 取值为 $K \cdot f_y$（K 为疲劳加载系数，为 S_{max} 对应的荷载 P_{max} 与屈服荷载 P_y 的比值），按照小样本升降法确定疲劳极限，通过调整试件的加载系数逐渐逼近疲劳极限。

试件信息 表 7-8

钢材等级	组号	试件类型	焊条	数量	钢材等级	组号	试件类型	焊条	数量
Q460D	A	母材	—	16	Q690D	D	母材	—	12
	B	对接接头	CHE557RH	14		E	对接接头	CHE857Cr	13
	C	十字接头	CHE557RH	12		F	十字接头	CHE857Cr	15

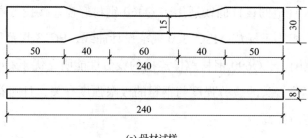

(a) 母材试样

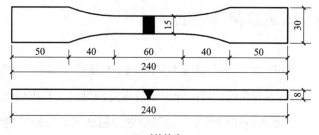

(b) 对接接头

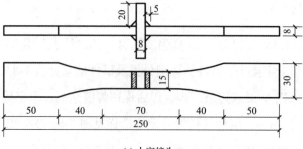

(c) 十字接头

图 7-8 试件几何尺寸及构造

7.5.2　试验结果分析

1. 破坏位置

母材的断裂位置均在圆弧过渡段附近，对接接头和十字接头试件均在焊缝连接处断裂，试件的破坏模式见图 7-9。

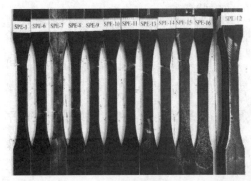

(a) 母材

(b) 对接接头

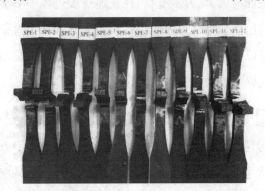

(c) 十字接头

图 7-9　破坏模式

2. 断口特征

疲劳断裂一般由三个阶段组成：疲劳裂纹的萌生、裂纹的扩展和失稳断裂。各试件典型断口见图 7-10。

(a) 母材　　　　　　　　(b) 对接接头　　　　　　　(c) 十字接头

图 7-10　疲劳断口

试件断口表面平整,疲劳裂纹呈海浪状,无明显塑性变形。采用 Tescan Vega-3 XMU 电子显微镜对断面进行扫描,断口分为裂纹源区、扩展区和瞬断区三个区域,如图 7-11～图 7-13 所示。裂纹源区一般位于试件表面易产生应力集中处,颜色较深,断面平坦、细密、光滑。母材的疲劳裂纹萌生于材料缺陷处,伴有河流状条纹向试件内部辐射,对接接头和十字接头萌生于热影响区的粗粒区或熔合区附近,且具有多个裂纹源区,以及存在和扩展方向一致的放射状条纹。

裂纹扩展区的主要特征为疲劳条带,且有明显的二次裂纹。母材在裂纹扩展阶段的断面似浪花,且高低不平,呈台阶状。二次裂纹多分布于台阶轮廓,断面上可观察到趋于平行分布的疲劳条带,方向与裂纹扩展方向垂直。焊接接头疲劳断面微观形貌呈不规则块状,不同晶粒间的疲劳条带由撕裂棱连接。由于裂纹的扩展速率不同,部分断口可以观察到微解理断口形貌,同一断口随着裂纹扩展速率增大,疲劳条带的间距逐渐变大。

瞬断区的主要特征为韧窝,说明材料在快速扩展过程中不易发生滑移,快速扩展阶段占疲劳寿命的比例较小,该阶段进行得不充分,从裂纹稳定扩展阶段快速瞬断。在母材瞬断区可以观察到较大的韧窝,而对接焊缝和十字角焊缝只有蜂窝状小韧窝,韧窝的形成机理可反映母材和焊接接头韧性不同。

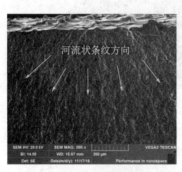

(a) 裂纹源区

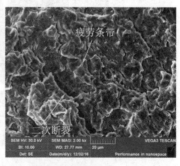

(b) 扩展区

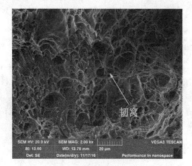

(c) 瞬断区

图 7-11　母材断口形貌

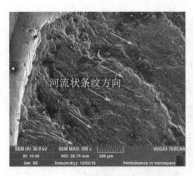

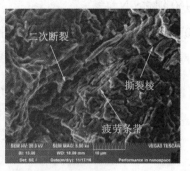

(a) 裂纹源区 　　　　　　　　　　(b) 扩展区

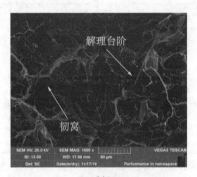

(c) 瞬断区

图 7-12　对接焊缝断口形貌

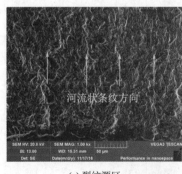

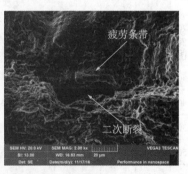

(a) 裂纹源区 　　　　　　　　　　(b) 扩展区

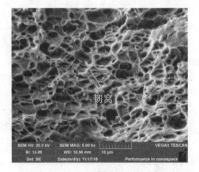

(c) 瞬断区

图 7-13　十字角焊缝断口形貌

3. Q460 钢材S-N曲线

Q460D 钢材母材、对接接头及十字接头试件的主要试验参数及试验结果见表 7-9～表 7-11。

Q460D 母材疲劳试验参数　　　　表 7-9

试件编号	K	P_{max}/kN	P_{min}/kN	S_{max}/MPa	f/Hz	N/万次	试件编号	K	P_{max}/kN	P_{min}/kN	S_{max}/MPa	f/Hz	N/万次
A-1	0.70	43.62	4.36	353.43	30	47.64	A-9	0.68	41.20	4.12	343.33	35	19.64
A-2	0.60	36.35	3.64	302.94	30	200	A-10	0.74	44.84	4.48	373.63	30	38.32
A-3	0.65	39.38	3.94	328.19	30	200	A-11	0.67	40.59	4.06	338.28	30	72.95
A-4	0.69	41.81	4.18	348.38	30	200	A-12	0.65	39.38	3.95	328.19	30	200
A-5	0.75	45.44	4.54	378.68	30	200	A-13	0.78	47.26	4.73	393.82	30	43.13
A-6	0.70	42.41	4.24	353.43	30	75.42	A-14	0.72	43.62	4.36	363.53	30	78.12
A-7	0.80	48.47	4.85	403.92	30	43.94	A-15	0.75	45.44	4.54	378.68	30	107.22
A-8	0.76	46.05	4.61	383.72	30	124.55	A-16	0.69	41.81	4.18	348.38	30	125.86

注：K为加载系数；P_{max}为最大荷载；P_{min}为最小荷载；S_{max}为最大应力；f为频率；N为次数。

Q460D 对接接头疲劳试验参数　　　　表 7-10

试件编号	K	P_{max}/kN	P_{min}/kN	S_{max}/MPa	f/Hz	N/万次	试件编号	K	P_{max}/kN	P_{min}/kN	S_{max}/MPa	f/Hz	N/万次
B-1	0.70	37.60	3.76	313.3	30	24.20	B-8	0.25	13.43	1.34	111.90	40	200
B-2	0.60	32.23	3.23	268.56	30	40.95	B-9	0.27	14.50	1.45	120.85	40	200
B-3	0.50	26.86	2.69	223.80	40	16.65	B-10	0.29	15.58	1.56	129.80	45	200
B-4	0.40	21.48	2.15	179.04	40	50.83	B-11	0.30	16.11	1.61	134.28	45	200
B-5	0.30	16.11	1.61	134.28	40	94.85	B-12	0.35	18.80	1.88	156.66	45	55.65
B-6	0.50	26.86	2.69	223.80	35	36.05	B-13	0.32	17.19	1.72	143.23	45	113.54
B-7	0.50	26.86	2.69	223.80	35	35.10	B-14	0.31	16.65	1.67	138.76	45	200

Q460D 十字接头疲劳试验参数　　　　表 7-11

试件编号	K	P_{max}/kN	P_{min}/kN	S_{max}/MPa	f/Hz	N/万次	试件编号	K	P_{max}/kN	P_{min}/kN	S_{max}/MPa	f/Hz	N/万次
C-1	0.70	27.54	2.75	262.29	30	10.47	C-7	0.28	11.02	1.10	104.92	40	169.14
C-2	0.60	23.60	2.36	224.82	30	5.34	C-8	0.27	10.62	1.06	101.17	35	200
C-3	0.50	19.67	1.97	187.35	30	17.09	C-9	0.35	13.77	1.38	131.15	35	37.15
C-4	0.40	15.74	1.57	149.88	40	48.26	C-10	0.325	12.79	1.28	121.78	35	83.94
C-5	0.30	11.81	1.18	112.41	40	196.47	C-11	0.315	12.39	1.24	118.03	35	148.10
C-6	0.29	11.41	1.14	108.66	40	166.62	C-12	0.60	23.60	2.36	224.82	30	21.82

对 42 个 Q460D 试件进行了疲劳试验，获得 36 组有效的试验数据，根据数据回归分析得到其 *S-N* 曲线及 95%保证率曲线，见图 7-14～图 7-16。

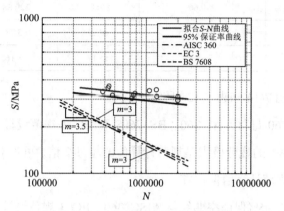

图 7-14　Q460D 母材 *S-N* 曲线

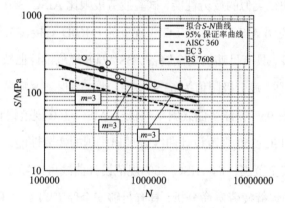

图 7-15　Q460D 对接接头 *S-N* 曲线

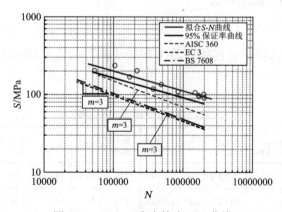

图 7-16　Q460D 十字接头 *S-N* 曲线

为了对试验数据进行评价，在图 7-14～图 7-16 中绘制了相应的欧洲规范 EC 3、美国规范 AISC 360 及英国规范 BS 7608 的疲劳设计曲线，确定 200 万次循环的疲劳极限值，见表 7-12。

疲劳极限应力值对比　　　　　　　　　　　　　　　　表 7-12

试件类型	拟合值/MPa	95%保证率疲劳极限值/MPa	AISC 360/MPa	BS 7608/MPa	EC 3/MPa
母材	306.56	280.66	120.81	129.88	125
对接接头	111.35	87.25	89.23	63.78	90
十字接头	93.81	76.69	55.17	38.16	36

由图 7-14～图 7-16 和表 7-12 可知：

（1）对于 Q460 母材，AI 360、BS 7608 和 EC 3 规范设计曲线疲劳性能比较接近，95%保证率下的疲劳极限是规范计算值的超过 2 倍，可见对于 Q460D 母材疲劳寿命的预估，规范计算值偏保守。

（2）对接接头 95%保证率曲线与 AISC 360、EC 3 规范设计曲线基本吻合，表现出与规范设计曲线类似的疲劳性能，试验疲劳极限比 AISC 360 和 EC 3 规范理论值提高约 24%，说明 AISC 360 和 EC 3 规范的 Q460D 对接接头设计曲线能够较好的评估其疲劳特性，具有足够的安全储备。BS 7608 规范设计曲线低于 AISC 360 与 EC 3 规范设计曲线，疲劳极限值为 63.98MPa，比 95%保证率疲劳极限值低 26.90%。

（3）十字接头 95%保证率曲线斜率略低于 AISC 360 规范设计斜率，在试验数据分布范围内，AISC 360 规范设计曲线表现出优越的疲劳性能，个别试验数据超出 95%置信区间的安全范围，而 AISC 360 规范设计曲线可以涵盖所有试验数据，适用于 Q460 十字角焊缝疲劳寿命分析，具有足够安全保障。EC 3 和 BS 7608 规范相对偏于保守，疲劳极限值较低。

4. Q690D 钢材 S-N 曲线

Q690D 钢材母材、对接接头及十字接头试件的主要试验参数及试验结果见表 7-13～表 7-15。

Q690D 母材疲劳试验结果　　　　　　　　　　　　　　表 7-13

试件编号	K	P_{max}/kN	P_{min}/kN	S_{max}/MPa	f/Hz	N/万次	试件编号	K	P_{max}/kN	P_{min}/kN	S_{max}/MPa	f/Hz	N/万次
D-1	0.70	66.05	6.61	550.44	20	26.72	D-7	0.58	54.73	5.47	456.08	25	200
D-2	0.65	61.33	6.13	511.13	25	29.14	D-8	0.57	53.79	5.38	448.22	25	200
D-3	0.62	58.50	5.85	487.54	25	27.59	D-9	0.56	52.84	5.28	440.35	25	200
D-4	0.6	56.62	5.66	471.81	20	50.15	D-10	0.55	51.90	5.19	432.49	25	200
D-5	0.59	55.67	5.57	463.94	25	182.24	D-11	0.50	47.18	4.72	393.17	20	200
D-6	0.58	54.73	5.47	456.08	25	55.39	D-12	0.35	33.03	3.30	275.22	20	200

对接接头疲劳试验结果　　　　　　表 7-14

试件编号	K	P_{max}/kN	P_{min}/kN	S_{max}/MPa	f/Hz	N/万次	试件编号	K	P_{max}/kN	P_{min}/kN	S_{max}/MPa	f/Hz	N/万次
E-1	0.70	50.73	5.07	422.75	25	4.90	E-8	0.35	25.36	2.54	211.33	30	200
E-2	0.60	43.48	4.35	362.33	25	15.86	E-9	0.35	25.36	2.54	211.33	30	39.53
E-3	0.50	36.23	3.62	301.92	30	17.72	E-10	0.325	23.55	2.36	196.25	40	156.83
E-4	0.45	32.61	3.26	271.75	30	38.57	E-11	0.30	21.74	2.17	181.17	40	161.53
E-5	0.40	28.99	2.9	241.58	30	93.37	E-12	0.29	20.71	2.07	172.58	45	200
E-6	0.375	27.17	2.72	226.42	30	104.02	E-13	0.275	19.93	1.99	166.08	45	200
E-7	0.35	25.36	2.54	211.33	30	71.54							

十字接头疲劳试验结果　　　　　　表 7-15

试件编号	K	P_{max}/kN	P_{min}/kN	S_{max}/MPa	f/Hz	N/万次	试件编号	K	P_{max}/kN	P_{min}/kN	S_{max}/MPa	f/Hz	N/万次
F-1	0.70	61.98	6.20	491.88	25	0.46	F-9	0.135	11.95	1.2	94.86	45	95.38
F-2	0.60	53.12	5.31	421.61	25	1.40	F-10	0.13	11.51	1.15	91.35	45	76.42
F-3	0.50	44.27	4.43	351.34	25	1.90	F-11	0.13	11.51	1.15	91.35	45	200
F-4	0.40	35.42	3.54	281.07	25	2.61	F-12	0.13	11.51	1.15	91.35	45	93.47
F-5	0.30	26.56	2.66	210.81	30	8.78	F-13	0.125	11.07	1.11	87.84	45	169.02
F-6	0.20	17.71	1.77	140.54	45	24.70	F-14	0.12	10.60	1.06	83.62	45	200
F-7	0.175	15.49	1.55	122.97	45	44.39	F-15	0.10	8.85	0.89	70.27	45	200
F-8	0.15	13.28	1.33	105.4	45	85.60							

对 42 个 Q690D 试件进行了疲劳试验，获得 33 组有效的试验数据，根据试验数据回归分析得到其 S-N 曲线及 95%保证率曲线，见图 7-17～图 7-19，确定的疲劳极限值见表 7-16。

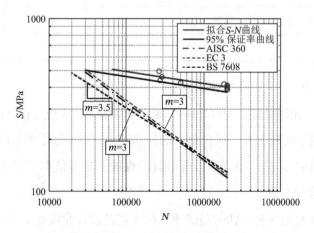

图 7-17　Q690 母材S-N曲线

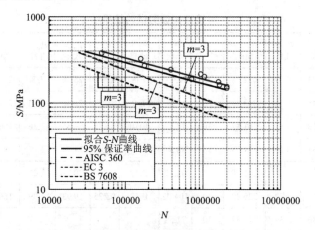

图 7-18　Q690 对接焊缝 *S-N* 曲线

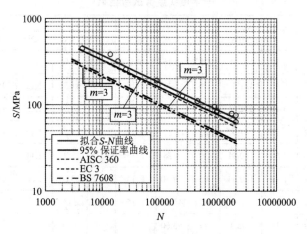

图 7-19　Q690 十字接头焊缝 *S-N* 曲线

疲劳极限应力值对比　　表 7-16

试件类型	拟合值/MPa	95%保证率疲劳极限值/MPa	AISC 360/MPa	BS 7608/MPa	EC 3/MPa
母材	401.70	375.66	120.81	129.88	125
对接接头	160.88	142.29	89.23	63.78	90
十字接头	69.34	61.22	55.17	38.16	36

由图 7-17～图 7-19 和表 7-16 可知：

（1）对于 Q690D 母材，AISC 360、BS 7608 和 EC 3 规范设计曲线斜率相近，试验数据均在规范曲线上方，拟合曲线的斜率较小，95%保证率下的疲劳极限约为规范理论计算值的 3 倍，表现出较好的疲劳性能。规范值偏于保守，明显低估了 Q690D 母材的疲劳寿命。

（2）Q690D 对接接头，AISC 360 和 EC 3 规范设计曲线基本重合，疲劳极限值约为 90MPa，95%保证率曲线均处于规范曲线上方，斜率小于规范设计曲线的斜率；

随着疲劳次数增加，规范值趋于保守，AISC 360 和 EC 3 规范疲劳极限值比 95%保证率试验值低约 37%。而 BS 7608 规范设计曲线处于 AISC 360 和 EC 3 规范设计曲线下方，基本平行。

（3）十字接头 95%保证率曲线与 AISC 360 规范设计曲线斜率相近，表现出相似的疲劳性能，95%保证率曲线涵盖了绝大多数试验数据，个别数据超出了其安全范围，所有数据均处于 AISC 360 规范设计曲线上方，说明 AISC 360 规范设计曲线安全适用，且具有足够安全储备。BS 7608 和 EC 3 规范设计曲线显示出相似的疲劳性能，与 AISC 360 规范设计曲线基本平行，但疲劳极限值较低，对十字接头疲劳性能评估偏保守。

5. 应力集中影响

由于焊接接头区存在应力集中，即缺口效应，通常用疲劳强度降低系数 γ 来表征，即

$$\gamma = \frac{\sigma_{pw}}{\sigma_p} \tag{7-35}$$

式中：σ_p 为母材的疲劳强度；σ_{pw} 为焊接接头的疲劳强度。

对于结构钢，焊接接头疲劳降低系数 γ 与疲劳缺口系数 K_f 成反比，即

$$\gamma = \frac{1}{0.89K_f} \tag{7-36}$$

式中：K_f 为疲劳缺口系数。表 7-17 为对接接头和十字接头的 γ、K_f 试验值和 IIW（国际焊接协会）标准值。

γ 和 K_f 值　　　　　表 7-17

	焊接接头	试验值		IIW 标准值	
		γ	K_f	γ	K_f
Q460	对接接头	0.363	3.095	0.595	1.89
	十字接头	0.306	3.672	0.279	4.03
Q690	对接接头	0.401	2.802	0.595	1.89
	十字接头	0.173	6.495	0.279	4.03

由表 7-17 可知，γ 值均小于 1，说明焊缝接头疲劳强度低于母材疲劳强度，主要原因是焊缝处材料的几何形状、缺陷、残余应力等造成材料力学性能不均匀，导致疲劳强度降低。对接焊缝疲劳缺口系数 K_f 试验值均大于标准值，说明焊接加工过程有较大缺陷，导致试验疲劳降低系数 γ 小于标准值；Q460 钢材十字接头疲劳降低

系数高于标准值，可能是因为钢材材质均匀，热影响区软化范围小，缓解了疲劳强度的降低程度。

6. 疲劳损伤分析

疲劳寿命 N_f 的理论计算公式如下：

$$N_f = \frac{(\beta+1)\left(S_{\max}^{\beta+1} - S_{\min}^{\beta+1}\right)^{-1}}{2B(\beta+2)} \tag{7-37}$$

$$D = 1 - \left(1 - \frac{N}{N_f}\right)^{1/(\beta+2)} \tag{7-38}$$

式中：B、β 为材料常数，由试验确定；$S_{\min}$、$S_{\min}$ 为最大和最小应力；N_f 为疲劳寿命；N 为疲劳加载次数；D 为疲劳累积损伤率。试件疲劳累积损伤率随循环比变化的曲线见图 7-20。

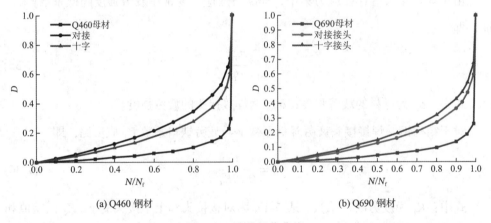

(a) Q460 钢材 　　　　　　(b) Q690 钢材

图 7-20　疲劳损伤曲线

由图 7-20 可知，随着疲劳次数的增加，D 值缓慢增加，曲线的斜率不断增大，损伤发展越来越快。在裂纹扩展阶段，对接焊缝和十字角焊缝的损伤率较母材增长更快，损伤累积较为明显；循环比在 0.9～1.0 之间时，试件累积损伤率明显增大，试件的有效承载面积减小，不足以抵抗外荷载引起的应力，发生瞬时断裂，此阶段占疲劳寿命的比例极小，说明裂纹快速扩展阶段进行得不充分。

7.6　高强度钢螺栓连接疲劳试验

高强度螺栓连接接头承受疲劳荷载时，接头不发生滑动，由接触面间的摩擦力承担外力；接头发生滑动，则由螺栓、钢板和摩擦力共同承担外力。根据不同的受力状态，疲劳破坏形式主要有：（1）接头不滑动，主板或连接板逐渐失效。（2）接头在第一次外荷载作用下发生滑动后转变为承压状态，之后不发生反复滑动，主板或连接板逐渐失效。（3）接头在第一次外荷载作用下发生滑动，之后在疲劳荷载作用下反复滑动，主板或连接板逐渐失效。（4）接头在经历一定循环次数后发生滑动，之后发生（2）或（3）的疲劳失效。如图 7-21 所示，承受疲劳荷载的螺栓接头，疲劳断裂位置主要在主板 a、b 处；连接板刚度较大，端部加工不良时会磨损主板，断裂位置也可能出现在 c 处；当连接板发生破坏时，断裂位置主要在 d 处，也可能发生于 e 处。

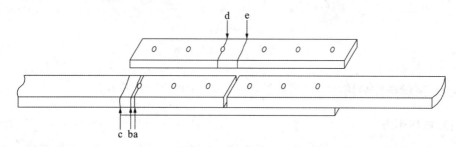

图 7-21 螺栓连接疲劳破坏位置

7.6.1 试验概况

为研究高强度钢材螺栓连接的疲劳特性和规律，采用 8mm 厚 Q460D 和 Q690D 高强度钢材分别设计了三组试验，试件类型分为母材、有孔板和螺栓连接[56-58]，详细分类见表 7-18。试件几何尺寸见图 7-22，有孔板的孔径为 22mm，螺栓连接试件为双剪型接头，孔径 22mm，栓孔边距、端距和栓距符合《钢结构设计标准》GB 50017—2017 的连接构造要求，主板和拼接板采用 10.9 级 M20 高强度螺栓。

试件类型   表 7-18

钢材等级	组号	试件类型	数量	钢材等级	组号	试件类型	数量
Q460D	A	有孔板	15	Q690D	C	有孔板	13
	B	螺栓连接	15		D	螺栓连接	13

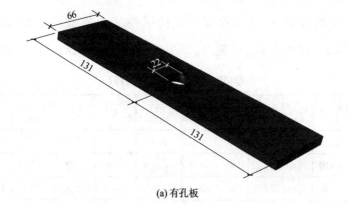

(a) 有孔板

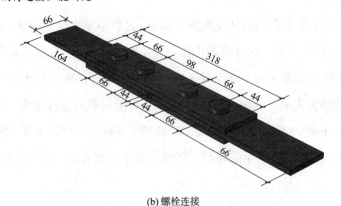

(b) 螺栓连接

图 7-22　试件几何尺寸

7.6.2　试验结果分析

1. 破坏形态

试件破坏模式如图 7-23 所示。有孔板在开孔处应力集中较大，疲劳裂纹均沿净截面孔壁中心向与荷载垂直的方向扩展。螺栓连接试件中，螺栓均为未产生疲劳断裂，疲劳裂纹沿主板螺栓孔前端逐渐发展。两组试件破坏前均未发生较大变形，属脆性破坏。

 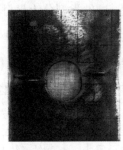 

(a) 母材　　　　　　　(b) 有孔板　　　　　　(c) 螺栓连接

图 7-23　破坏模式

2. S-N 曲线

Q460D 和 Q690D 有孔板和螺栓连接试件的主要试验参数及试验结果见表 7-19～表 7-22，其中带星号数据为试验中出现的异常数据，进行了剔除。

Q460 有孔板疲劳试验参数　　　　　　　　　　　　　表 7-19

试件编号	K	P_{max}/kN	P_{min}/kN	S_{max}/MPa	f/Hz	N/万次	试件编号	K	P_{max}/kN	P_{min}/kN	S_{max}/MPa	f/Hz
A-1	0.70	126.00	12.60	357.95	30	12.72	A-9	0.429	77.22	7.72	219.38	40
A-2	0.60	108.00	10.80	306.82	30	14.11	A-10*	0.428	77.00	7.70	218.75	40
A-3	0.55	99.00	9.90	281.25	30	43.21	A-11	0.428	77.00	7.70	218.75	40

试件编号	K	P_{max}/kN	P_{min}/kN	S_{max}/MPa	f/Hz	N/万次	试件编号	K	P_{max}/kN	P_{min}/kN	S_{max}/MPa	f/Hz
A-4	0.55	99.00	9.90	281.25	30	39.23	A-12	0.425	76.50	7.65	217.33	40
A-5	0.50	90.00	9.00	255.68	30	38.37	A-13	0.42	75.60	7.56	214.77	40
A-6	0.45	81.00	8.10	230.11	40	45.80	A-14	0.40	72.00	7.20	204.55	40
A-7	0.44	79.20	7.92	225.00	40	56.20	A-15*	0.30	54.00	5.40	153.41	40
A-8	0.43	77.40	7.74	219.89	40	84.84						

Q460 螺栓连接疲劳试验参数　　　　表 7-20

试件编号	K	P_{max}/kN	P_{min}/kN	S_{max}/MPa	f/Hz	N/万次	试件编号	K	P_{max}/kN	P_{min}/kN	S_{max}/MPa	f/Hz	N/万次
B-1	0.80	151.62	15.16	287.16	25	47.47	B-9	0.55	104.24	10.42	197.42	25	200
B-2	0.80	151.62	15.16	287.16	25	41.65	B-10	0.55	104.24	10.42	197.42	25	107.73
B-3	0.75	142.14	14.21	269.20	25	94.67	B-11	0.54	101.64	10.16	192.50	25	103.93
B-4	0.75	142.14	14.21	269.20	25	99.03	B-12	0.50	94.76	9.48	179.47	25	176.55
B-5	0.70	132.66	13.27	251.25	25	73.06	B-13	0.48	90.97	9.10	172.29	25	200
B-6*	0.65	123.19	12.32	233.31	25	200	B-14	0.45	85.28	8.53	161.52	30	200
B-7	0.65	123.19	12.32	233.31	25	140.95	B-15	0.40	75.81	7.58	143.58	40	200
B-8	0.60	113.71	11.37	215.36	25	163.26	B-16*	0.30	56.86	5.69	107.69	40	200

Q690 有孔板疲劳试验参数　　　　表 7-21

试件编号	K	P_{max}/kN	P_{min}/kN	S_{max}/MPa	f/Hz	N/万次	试件编号	K	P_{max}/kN	P_{min}/kN	S_{max}/MPa	f/Hz	N/万次
C-1	0.70	154.32	15.43	438.40	20	11.19	C-8	0.435	95.90	9.59	272.43	25	68.16
C-2	0.597	131.71	13.17	374.33	20	13.23	C-9	0.43	94.79	9.48	269.30	25	50.11
C-3	0.512	112.90	11.29	320.66	20	21.18	C-10	0.43	94.79	9.48	269.30	25	200
C-4	0.48	105.82	10.58	300.61	25	26.17	C-11	0.43	94.79	9.48	269.30	25	37.17
C-5	0.45	99.20	9.92	281.83	25	56.17	C-12	0.42	92.59	9.26	263.04	25	200
C-6	0.44	97.0	9.70	275.56	25	70.29	C-13	0.41	90.38	9.04	256.77	30	200
C-7	0.435	95.90	9.59	272.43	25	200	C-14	0.4	88.18	8.82	250.51	25	200

Q690 螺栓连接疲劳试验参数　　　　表 7-22

试件编号	K	P_{max}/kN	P_{min}/kN	S_{max}/MPa	f/Hz	N/万次	试件编号	K	P_{max}/kN	P_{min}/kN	S_{max}/MPa	f/Hz	N/万次
D-1	0.8	225.21	22.52	426.53	15	30.64	D-8	0.53	149.20	14.92	282.58	20	136.03

试件编号	K	P_{max}/kN	P_{min}/kN	S_{max}/MPa	f/Hz	N/万次	试件编号	K	P_{max}/kN	P_{min}/kN	S_{max}/MPa	f/Hz	N/万次
D-2	0.7	197.06	19.71	373.22	20	42.92	D-9	0.524	147.38	14.74	279.13	20	104.62
D-3	0.65	182.98	18.30	374.96	20	54.28	D-10	0.51	143.57	14.36	271.91	25	101.88
D-4	0.60	168.91	16.89	319.91	20	77.24	D-11	0.50	140.76	14.08	266.59	20	200
D-5	0.598	168.43	16.84	319.00	20	120.19	D-12	0.48	135.12	13.51	255.91	25	80.51
D-6	0.55	154.83	15.48	293.24	25	200	D-13	0.48	135.12	13.51	255.91	25	200
D-7	0.55	154.83	15.48	293.24	20	94.10							

对共计 84 个 Q460 和 Q690 试件进行了疲劳试验，分别获得 39 个和 32 个有效试验数据。母材试件的断裂位置均在圆弧过渡段附近，有孔板试件在净截面处断裂，螺栓连接试件均在第一列孔前区域断裂。根据数据回归分析得到 *S-N* 曲线，见图 7-24～图 7-26。由图 7-24～图 7-26 和表 7-19～表 7-22 可知：

（1）试验数据较为离散，同一应力水平下疲劳寿命较为离散，但符合应力水平越低，疲劳寿命越高的趋势。

（2）对于母材试件，AISC 360、BS 7608 和 EC 3 三种规范设计曲线疲劳性能相近，试验数据处于规范设计曲线上方；Q460 和 Q690 钢母材在疲劳极限范围内表现出良好的性能，其疲劳强度明显高于规范计算值；对于 Q460 和 Q690 钢母材疲劳寿命的预估，规范方法偏保守。Q690 钢母材疲劳极限约为 Q460 钢疲劳极限的 1.3 倍，疲劳强度与钢材强度等级有关，随着钢材极限强度提高，疲劳强度有所提高。

（3）对于有孔板试件，规范曲线的 *m* 值均为 3，Q460 和 Q690 钢有孔板试验拟合曲线处于规范曲线上方，且 *m* 值大于 3；Q460 和 Q690 钢有孔板疲劳强度为规范计算值的 2 倍多，有孔板在疲劳极限范围内表现出良好的性能，规范偏于保守。Q690 钢疲劳极限值约为 Q460 钢疲劳极限值的 1.2 倍，有孔板的疲劳强度随着钢材极限强度的提高而增大。

（4）对于螺栓连接试件，AISC 360 和 EC 3 规范曲线平行，AISC 360 和 BS 7608 规范设计曲线适用于 Q460 钢螺栓连接疲劳寿命分析，具有足够安全保障；相比于 AISC 360 规范设计曲线，EC 3 规范设计曲线相对偏于保守。疲劳极限范围内，Q690 钢螺栓连接的疲劳性能明显优于 Q460 钢，疲劳极限值为 Q460 钢的 1.4 倍，说明螺栓接头的疲劳强度与钢材的极限强度有关，钢材强度高，疲劳强度亦高；故对于 Q690 钢螺栓连接疲劳性能评估，规范方法偏于保守。

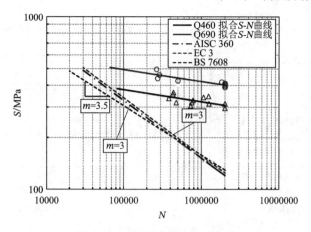

图 7-24　高强度钢母材 S-N 曲线

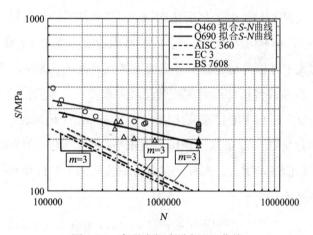

图 7-25　高强度钢有孔板 S-N 曲线

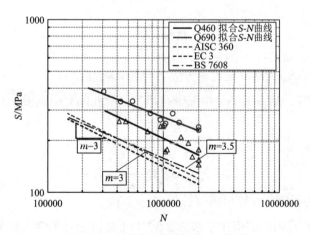

图 7-26　高强度钢螺栓连接 S-N 曲线

3. 疲劳位移曲线

图 7-27 给出了母材、有孔板及螺栓连接 3 组试件最大位移随循环比 N/N_f 的变化过程，其中：N 为试件循环次数，N_f 为该试件的破坏次数。

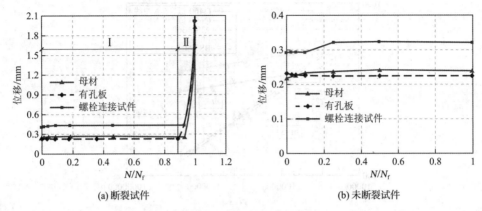

(a) 断裂试件　　　　　　　　　　　(b) 未断裂试件

图 7-27　位移-循环比曲线

图 7-27（a）为断裂试件的位移变化规律。断裂试件的位移发展主要分为两个阶段：第 1 阶段，位移基本保持不变，属于疲劳累积阶段，约占整个疲劳寿命的 90%；第 2 阶段，应力集中部位出现裂纹，并迅速发展直至破坏，为瞬断阶段。

图 7-27（b）为试件经历 200 万次疲劳循环后未发生断裂的位移发展曲线。母材和有孔板试件在整个过程中的位移变化值约为 0.23mm，变化量较小。螺栓连接试件的位移变化值约为 0.33mm，加载前期位移值较小；随着循环次数的增加，由于安装间隙等原因，位移值逐渐增大，螺栓连接试件的位移大于母材和有孔板试件。

4. 应力集中影响

在弹性范围内，缺口产生的应力集中效应，可以用应力集中系数 K_t 表征，K_t 计算公式为：

$$K_t = \frac{\sigma_{\max}}{S_n} \tag{7-39}$$

式中：$\sigma_{\max}$、S_n 为缺口处的最大应力与名义应力。

对于母材试件，$K_t = 1.03$。中部带孔径为 d 圆孔的有限宽板，其应力集中系数可按下式计算：

$$K_t = \frac{\sigma_{\max}}{S_n\left(1 - \dfrac{d}{2B}\right)^3} \tag{7-40}$$

式中：$2B$ 为板宽。计算可得有孔板 $K_t = 2.30$。

文献[58]中有孔板应力集中系数为 2.5，与上述理论计算结果较为接近。应力集中提高了缺口局部应力，相对应力梯度 Q 是衡量缺口应力衰减速度的指标，对于母材和有孔板试件，相对应力梯度可通过下式进行计算：

$$Q = \frac{2.3}{r} \tag{7-41}$$

式中：r 为缺口半径。

应力集中提高局部应力的同时，也使最大应力处的应力梯度增大，并且将裂纹的萌生位置限制在最大应力点附近。对于螺栓连接试件，螺栓的预紧力使栓孔周围的钢板受到压缩，并向径向膨胀；当压缩受到周围约束后，会在圆周方向产生压缩应力，削弱孔边由拉应力产生的应力集中程度，双搭接螺栓连接中，拧紧螺栓后应力集中系数可降低到 1.6。螺栓预紧力削弱了孔边应力集中程度，阻止净截面处疲劳裂纹的萌生，使疲劳裂纹转移到孔前区域。

母材与有孔板的破坏模式反映出应力集中处易于产生疲劳裂纹，母材的疲劳极限明显高于有孔板，说明应力集中程度显著影响疲劳寿命。应力集中对试件疲劳强度的影响可以通过疲劳缺口系数 K_f 来表征，缺口系数为在材料、尺寸和加载条件都相同的情况下，光滑试样与缺口试样疲劳极限的比值。赵少汴提出了一种计算疲劳缺口系数的计算公式[43]：

$$\frac{K_t}{K_f} = 0.88 + AQ^b \tag{7-42}$$

式中：Q 为相对应力梯度，A、b 为与热处理方式有关的常数。

疲劳缺口系数可以表示疲劳强度真实降低的程度。通过计算可得母材和有孔板试件的疲劳缺口系数分别为 1.06 和 2.14，可见有孔板试件疲劳强度降低较为明显，母材试件疲劳强度略微降低。而缺口处应力集中程度由试件的几何形状和尺寸确定，可见试件的几何形状和尺寸显著影响疲劳强度。

为了便于对比分析，按照钢材等级分类，将母材、有孔板和螺栓连接试件的疲劳试验结果绘制于图 7-28 中。

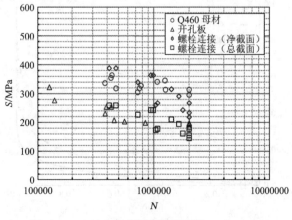

(a) Q460 钢材试验结果对比

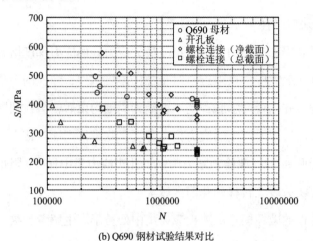

(b) Q690 钢材试验结果对比

图 7-28 疲劳试验结果分析

在疲劳极限范围内，按净截面计算的螺栓连接表现出与母材相似的疲劳性能，200 万次的疲劳极限值与母材相近，高于有孔板疲劳强度；按毛截面计算，200 万次的疲劳极限值与有孔板疲劳极限值相近，可见螺栓预紧力导致高强度螺栓连接疲劳强度增加。

5. 疲劳损伤分析

三种试件的疲劳损伤率 D 与循环比的关系见图 7-29。由图 7-29 可知，Q460 和 Q690 钢材试件疲劳损伤发展规律一致，随着疲劳次数的增加，D 值缓慢增加，曲线的斜率不断增大，损伤发展越来越快。在相同损伤指标下，螺栓连接的损伤发展速度最快，有孔板次之，母材最慢。当 N 与 N_f 的比值接近 1 时，D 值瞬间增大，表明由于材料损伤，试件的有效承载面积减小，残余截面不足以抵抗外荷载，发生瞬时断裂。瞬间断裂阶段占疲劳寿命的比例极小，此阶段发展不充分。

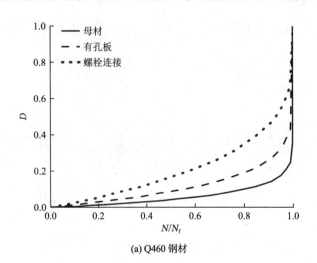

(a) Q460 钢材

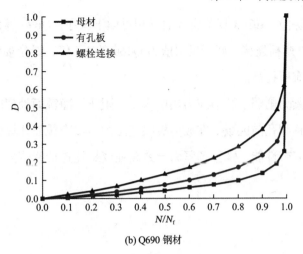

(b) Q690 钢材

图 7-29 疲劳损伤率与循环比关系曲线

7.7 本章小结

本章主要结论如下：

（1）Q460 和 Q690 母材在疲劳极限范围内表现出良好的性能，疲劳强度明显高于规范计算值，Q690 母材疲劳极限约为 Q460 疲劳极限的 1.3 倍，疲劳强度随着钢材强度提高有所提高。

（2）Q460D 对接连接，AISC 360 和 EC 3 规范设计曲线能够较好地评估其疲劳特性，具有足够的安全储备。Q690D 对接连接，随着疲劳次数的增加，AISC 360 和 EC 3 规范设计曲线下降速度快于 95%保证率曲线，适用于低寿命疲劳估计，BS 7608 规范对于两种钢材对接连接疲劳性能的评估偏于保守。

（3）Q460D 和 Q690D 十字连接，其 95%保证率曲线涵盖了绝大多数试验数据，个别数据超出了其安全范围。AISC 360 规范设计曲线可以涵盖所有试验数据，适用于 Q460 和 Q690 十字连接疲劳寿命分析，且具有足够安全保障，EC 3 和 BS 7608 规范疲劳极限值较低。

（4）瞬断区的微观形貌与损伤分析结果一致，从稳定扩展阶段到瞬间断裂，Q460D 和 Q690D 钢材及焊接区域不易发生滑移，快速扩展区进行得不够充分。

（5）Q460 和 Q690 有孔板疲劳极限为规范计算值的 2 倍多，有孔板在疲劳极限范围内表现出良好的性能，规范偏于保守。Q690 有孔板疲劳极限值为 Q460 有孔板疲劳极限值的 1.2 倍，有孔板的疲劳强度随着钢材强度的提高而增大。

（6）AISC 360 和 BS 7608 规范设计曲线适用于 Q460 螺栓连接疲劳寿命分析，

具有足够的安全保障，EC 3 规范设计曲线相对偏于保守；Q690 螺栓连接的疲劳性能明显优于 Q460 螺栓连接，疲劳极限值为 Q460 的 1.4 倍，螺栓接头的疲劳强度随钢材强度的提高有所提高。

（7）螺栓预紧力削弱了孔边应力集中程度，阻止了净截面处疲劳裂纹的萌生，并使疲劳裂纹转移到孔前区域。在疲劳极限范围内，按净截面计算的螺栓连接表现出与母材相似的疲劳性能，螺栓预紧力导致高强度螺栓连接疲劳强度增加。

参 考 文 献

[1] 雷宏刚, 付强, 刘晓娟. 中国钢结构疲劳研究领域的 30 年进展[J]. 建筑结构学报, 2010, 30 (S1): 84-91.

[2] 李国强, 王彦博, 陈素文, 等. 高强度结构钢研究现状及其在抗震设防区应用问题[J]. 建筑结构报, 2013, 34(1): 1-13.

[3] 王元清, 周晖, 石永久, 等. 钢结构厚板层状撕裂及其防止措施的研究现状[J]. 建筑钢结构进展, 2010, 12(5): 26-34.

[4] Olsson K E, Kahonen A. Profitability of high strength steels in fatigue loaded structures[C]//Proceedings of the Eighth International Fatigue Congress. Stockholm: EMAS Publishing, 2002: 247-276.

[5] Chen H T, Grondin Gilbert Y, Robert G D. Characterization of fatigue properties of ASTM A709 high performance steel[J]. Journal of Constructional Steel Research. 2007, 63(6): 838-848.

[6] 施刚, 张建兴. 高强度结构钢材 Q460D 的疲劳性能试验研究[J]. 工业建筑, 2014, 44(3): 6-10.

[7] 施刚, 张建兴. 高强度钢材 Q460C 及其焊缝的疲劳性能试验研究[J]. 建筑结构, 2014, 44(17): 1-6.

[8] 陈魏. Q460 高强钢管节点疲劳累积损伤分析及疲劳性能[D]. 重庆: 重庆大学, 2015: 9-38.

[9] 程峰, 胡常胜, 王金锁, 等. Q420 高强度钢材的疲劳性能试验研究[J]. 钢结构, 2017, 32(11): 12-15.

[10] Cicero S, Garcia T, Álvarez J A, et al. Definition of BS 7608 fatigue classes for structural steels with thermally cut edges[J]. Journal of Constructional Steel Research 2016, 120: 221-231.

[11] Kim S G, Jin K C, Sung W, et al. Effect of lack of penetration on the fatigue strength of high strength steel butt weld[J]. Journal of Mechanical Science and Technology, 1994, 8(2): 191-197.

[12] Janosch J J, Koneczny H, Debiez S, et al. Improvement of fatigue strength in welded joints (in HSS and in aluminium alloys) by ultrasonic hammer peening[J]. Welding in the World, 1996; 37(1): 72-82.

[13] Martinez L L, Blom A F, Trogen H, et al. Fatigue behaviour of steels with strength levels between 350 and 900MPa influence of post weld treatment under spectrum loading[C]//Blom A F. Proceedings of the North European Engineering and Science Conference. London: EMAS

Publishing, 1997: 361-376.

[14] Gustafsson M. Thickness effect in fatigue of welded extra high strength steel joints[C]//Proceedings of the Eighth International Fatigue Congress. Stockholm: EMAS Publishing, 2002: 205-224.

[15] 赵明暐, 杨荣根, 刘彤, 等. 高强钢焊接接头的疲劳强度研究[J]. 机械强度, 2005, 27(5): 687-690.

[16] 宋绪丁, 吕彭民. 低碳多元高强结构钢焊接接头疲劳强度试验及分析[J]. 热加工工艺, 2005(6): 17-19.

[17] Kuhlmann U, Durr A, Bergmann J, et al. Effizienter Stahlbau aus höherfesten Stahlen unter Ermüdungsbeanspruchung (Fatigue strength improvement for welded high strength steel connections due to the application of post-weld treatment methods) [J]. Forschung für die Praxis, 2006, 620: 124. (in German).

[18] Pijpers R J M, Kolstein M H, Romeijn A, et al. The fatigue strength of butt welds made of S960 and S1100. [C]//Proceeding of the Third International Conference on Steel and Composite Structures, Manchester: University of Manchester, 2007: 901-907.

[19] Weich I. Fatigue behaviour of mechanical post weld treated welds depending on the edge layer condition[D]. Braunschweig: Technischen Universität Carolo-Wilhelmina, 2008.

[20] Kuhlmann U, Gunther H. Experimental investigations of the fatigue-enhancing effect of the PIT process[R]. Baden-Württemberg: Universität Stuttgart Institut für Konstruktion und Entwurf, 2009: 1-39.

[21] Leitner M, Stoschka M, Schorghuber M, et al. Fatigue behavior of high-strength steels using an optimized welding process and high frequency peening technology. [C]//IIW international conference, Chennai, 2011: 17-22.

[22] Okawa T, Shimanuki H, Funatsu Y, et al. Effect of preload and stress ratio on fatigue strength of welded joints improved by ultrasonic impact treatment[J]. Welding in the World. 2013, 57(2): 235-241.

[23] Berga J, Stranghoener N. Fatigue strength of welded ultra high strength steels improved by high frequency hammer peening[J]. Procedia Materials Science 2014, 3(3): 71-76.

[24] 宗亮, 施刚, 王元清, 等. WNQ570 桥梁钢及其对接焊缝疲劳裂纹扩展性能试验研究[J]. 工程力学 2016, 33(8): 45-51.

[25] Zong L, Shi G, Wang Y Q, et al. Experimental and numerical investigation on fatigue performance of non-load-carrying fillet welded joints[J]. Journal of Constructional Steel Research. 2017, 130: 193-201.

[26] Zong L, Shi G, Wang Y Q, et al. Investigation on fatigue behaviour of load-carrying fillet welded joints based on mix-mode crack propagation analysis[J]. Archives of Civil and Mechanical Engineering. 2017, 17: 677-686.

[27] 曹新明, 俞国音. 栓接疲劳强度的因素及设计[J]. 工业建筑, 1986, 16(8): 14-21.

[28] Sehitoglu H. Fatigue life prediction of notched members based on local strain and elastic-plastic fracture mechanics concepts[J]. Engineering Fracture Mechanics. 1983, 18(3): 609 -621.

[29] Josi G, Grondin G Y, Kulak G L. Fatigue of bolted connections with staggered holes[J]. Journal of Bridge Engineering. 2004, 9(6): 614-622.

[30] Dowling N E. Mechanical behavior of materials: Engineering methods for deformation, fracture, and fatigue[M]. New Jersey: Prentice Hall, 1999: 649-705.

[31] Alegre J M, Aragon A, Gutierrez-Solana F A. Finite element simulation methodology of the fatigue behavior of punched and drilled plate components[J]. Engineering Failure Analysis, 2004, 11(5): 737-750.

[32] Sanchez L, Gutierrez-Solana F, Pesquera D. Fatigue behavior of punched structural plates[J]. Engineering Failure Analysis, 2004, 11(5): 751-764.

[33] Minguez J M, Vogwell J. Effect of torque tightening on the fatigue strength of bolted joints[J]. Engineering Failure Analysis, 2006, 13(8): 1410-1421.

[34] Jezernik N, Glodez S, Vuherer T, et al. The influence of plasma cutting process on the fatigue strength of high strength steel S960Q[J]. Key Engineering Materials. 2007, 348: 669-672.

[35] Liu Y, Mahadevan S. Stochastic fatigue damage modeling under variable amplitude loading[J]. International Journal of Fatigue. 2007, 29(6): 1149-1161.

[36] Chakherlou T N, Razavi M J, Aghdam A B, et al. An experimental investigation of the bolt clamping force and friction effect on the fatigue behavior of aluminum alloy 2024-T3 double shear lap joint[J]. Materials & Design, 2011, 32(8): 4641-4649.

[37] Benhamena A, Amrouche A, Talha A, et al. Effect of contact forces on fretting fatigue behavior of bolted plates: numerical and experimental analysis[J]. Tribology International, 2012, 48(48): 237-245.

[38] Benhamena A, Talha A, Benseddiq N, et al. Effect of clamping force on fretting fatigue behavior of bolted assemblies: case of couple steel-aluminium[J]. Materials Science and Engineering: A, 2010, 527(23): 6413-6421.

[39] Saranik M, Jezequel L, Lenoir D. Experimental and numerical study for fatigue life prediction of bolted connection[J]. Procedia Engineering. 2013, 66: 354-368.

[40] Wang Z Y, Li L H, Liu Y J, et al. Fatigue property of open-hole steel plates influenced by bolted clamp-up and hole fabrication methods[J]. Materials, 2016, 9(8): 698.

[41] Wang Z Y, Zhang N, Wang Q Y. Tensile behavior of open-hole and bolted steel plates reinforced by CFRP strips[J]. Composites Part B: Engineering. 2013, 100: 101-113.

[42] Cicero S, Garcia T, Álvarez J A, et al. Fatigue behavior and BS 7608 fatigue classes of steels with thermally cut holes[J]. Journal of Constructional Steel Research. 2017, 128: 74-83.

[43] 赵少汴. 抗疲劳设计—方法与数据[M]. 北京: 机械工业出版社, 1997: 1-4.

[44] 叶菲. 随机振动荷载下结构的疲劳寿命研究[D]. 天津: 天津大学, 2017: 10.

[45] 管德清. 焊接钢结构疲劳强度与寿命预测理论的研究[D]. 湖南: 湖南大学, 2003: 108-110.

[46] 冯新建. 基于随机性的金属焊接结构损伤断裂研究[D]. 西安: 西安科技大学, 2008: 9-10.

[47] 尚德广. 疲劳强度理论[M]. 北京: 科学出版社, 2018: 113-114, 118-139.

[48] Design of Steel Structures: Part 1-9: Fatigue: EN 1993-1-9 Eurocode 3[S]. London: European Committee for Standardisation, 2005.

[49] AISC. Specification for Structural Steel Buildings: ANSI/AISC 360-10[S]. Chicago: American Institute of Steel Construction, 2010.

[50] Guide to fatigue design and assessment of steel products: BS 7608—2014[S]. London, UK: British Standards Institution, 2014.

[51] 住房和城乡建设部. 钢结构设计标准: GB 50017—2017[S]. 北京: 中国建筑工业出版社, 2017.

[52] Guo H C, Wan J H, Liu Y H. Experimental study on fatigue performance of high strength steel welded joints[J]. Thin-Walled Structures, 2018, 131, 45-54.

[53] 郭宏超, 郝李鹏, 李炎隆, 等. Q460D 高强钢及其焊缝连接疲劳性能试验研究[J]. 建筑结构学报, 2018, 39(8): 157-164.

[54] 郭宏超, 万金怀, 刘云贺, 等. Q690D 高强钢焊缝连接疲劳性能试验研究[J]. 土木工程学报, 2018, 51(9): 1-9.

[55] 郭宏超, 皇垚华, 刘云贺, 等. Q460D 高强钢及其螺栓连接疲劳性能试验研究[J]. 建筑结构学报, 2018, 39(8): 165-172.

[56] Guo H C, Mao K H, Liu Y H, et al. Experimental study on fatigue performance of Q460 and Q690 steel bolted connections[J]. Thin-Walled Structures, 2019, 138, 243-251.

[57] 郭宏超, 毛宽宏, 万金怀, 等. 高强度钢材疲劳性能研究进展[J]. 建筑结构学报, 2019, 40(04): 17-28.

[58] 郭宏超, 万金怀, 刘云贺, 等. Q690D 高强钢螺栓连接疲劳性能试验研究[J]. 土木工程学报, 2018, 51(10): 20-26.